「実施編」

オープンスペースの都市情感機能

季節との出会い、 花に舞う
自然の美しい景色や四季の変化に触れ合う空間が身近に
あることは、 子供達の情感を豊かにする。

増田　元邦

序章

今年（二〇一八年）は、明治維新から一五〇年、戦後からは約七〇年にあたる年である。明治維新による西欧文化の導入と、戦後の人口急増と高度経済成長は、日本の近代都市計画に大きな変動を与えた。

明治維新後の欧米の「洋」思想による日本の都市近代化は、日本独自の「和」の都市形態や景観・文化と、「洋」とが巧く和洋融合した反面、和洋の思想・技術の混乱により、ミスマッチの都市景観も生じさせている。

戦後復興から高度経済成長の社会経済状況を背景として、戦後の人口：約八千万人から二〇〇〇年代には約一億三千万人まで増加したことにより、都市には人口が集中した。こうした都市膨張に伴い、大都市郊外には大規模ニュータウンが開発され、都心では大規模再開発等が実施された。この時代には、一九五〇年の建築基準法制定を始めとし、土地区画整理法、都市公園法、新都市計画法、都市再開発法、都市緑地保全法等の都市計画に関する法整備もなされた。こうして、七〇年代からは日本は本格的な「都市の時代」を迎えた。

しかし、八〇年代からはバブル経済は崩壊し、さらに、二〇一〇年からは日本の人口は減少に転じた。このために、日本の都市は、拡大から縮小・改良の時代へと入っている。将来の人口予測は、二〇六〇年代には戦後時の約八千万人台まで減少すると予測されている。二〇六〇年代が戦後の人口年齢構成に比して根本的に異なるのは、高齢化率が約四割まで上昇することである。このことは、従来の社会・都市構造と異なる改変が私達の住む都市空間にも求められている。また、日本の都市は、九〇年代からは阪神淡路大震災・東日本大震災・熊本大地震と立て続けに大きな都市災害に見舞われ、都市防災が都市計画上の喫緊の課題となっている。

私達は、明治維新後の欧米の都市計画や文化観の導入と、明治以前の日本独自の都市形態や景観のあり方とを、現在において振り返り、また、戦後の「都市の時代」の事業や、そのなかで培われた手法や技術をも、現場の検証から一度振り返る必要がある。その上で、明治維新後二〇〇年を見据えた、今後五〇年間の「望ましい都市像」のビジョンを描き、そのことを実現化するための手法・技術を再構築する必要があると考える。

今後の日本の都市計画に求められる要因のキーワードは、人口減少により都市施設を集約した「コンパクトシティ」、超高齢化社会に対応して、自動車に頼らない交通手段と、歩くことによる健康増進が望める「歩いて楽しい街」である。また、人口減少で激化する都市間競争のなかで、行ってみたい住んでみたいという「交流人口増加都市」や「都市観光が可能な都市」、そのためには「日本の独自性が生かされ、各地域の個性を持つ都市」の構築が必要である。都市のオープンスペースネットワークに都市防災ネットワーク機能を付加させた「防災都市」の整備は急務である。さらに、原子力発電に頼らず自然の力を極力生かした「環境負荷軽減都市」、都市内でも自然の変化を感じる「環境共生都市」そうした空間で、人工知能やロボット化が急速に進む社会のなかで、人間本来の感覚を育てる「情感機能がある都市」等のキーワードが並ぶ。

こうした今後の都市計画の課題解決の手法の一つとして、本書は、都市のランドスケープ計画の重要性を再認識した上で、「和のランドスケープ」の概念を提案している。世界の先進国のなかでも、日本は素晴らしい自然条件下にある。そして日本人は、この自然条件で育てられた繊細な感性を持つ。こうした「日本の自然と日本人の繊細な感性」を、都市空間に具現化する都市計画の手法が、「和のランドスケープ」の概念である。

本書の構成は、第一章がランドスケープの定義づけを整理した上で、建築・土木空間とオープンスペース（緑・水・道空間）との組み合わせが都市景観を形成することを記述し、さらに、都市のオープンスペース機能について述べている。第二章は、日本の都市形成変遷のなかで、都市のオープンスペースの捉え方の変化を振り返った上で、日本の都市景観のミスマッチについて分析している。第三章は、今後の都市計画におけるランドスケープの重要性を認識し、「和のランドスケープ」の概念とその必要性について記述している。第四章は「和のランドスケープ」の実際編である。本章の計画編では、オープンスペースを構成する「緑空間」「水空間」「道空間」における、都市計画の土地利用計画検討レベルでの項目を編集し、設計編では、各空間の設計実施例の項目を編集している。また、ランドスケープ分野以外の技術職の人々が、日本の四季変化を理解する窓口資料として、「八季の花」の樹木開花リストを特に付録として添付している。

ランドスケープのまちづくりは、都市計画・建築・土木・造園・環境等の分野が、互いに連携しないと実現しない仕事である。本書は、このことを特に意識して、「和のランドスケープの理念と実際」について編集されたものである。

シモクレン

第一章　都市のランドスケープ

一之一　ランドスケープとは何か

庭（garden）や公園（park）の概念は、一般の人々に広く受け入れられ、その内容は理解されている。しかし、都市の中に自然を織り込み、建築・道路空間と自然空間との融合を計るという「都市のランドスケープ（landscape）」の概念を的確にとらえている人は少ない。

ホーレス・クリーブランド（一八一四～一九〇〇年）は、その著書「ランドスケープ・アーキテクチャー（Landscape Architecture）」の中で、ランドスケープは、「文明（Civilization）の各種の要求に対して、最も便利（conveniently）に、最も経済的（economically）に、そして最も優美（gracefully）に適合するように、土地（land）を編成（arrange）する技術（art）である。」と定義づけている。そして、著者はこれに加えて、「そうして創られた美しい空間・土地においては、人々が、日々の生活を楽しみ、かつ心豊かな生活が営める。」、さらに「ランドスケープの概念を導入して計画・整備された土地は、人々がこうした土地に住みたい、あるいは、訪れたいと思う事により、その土地の空間的価値を高める。」という概念とする。

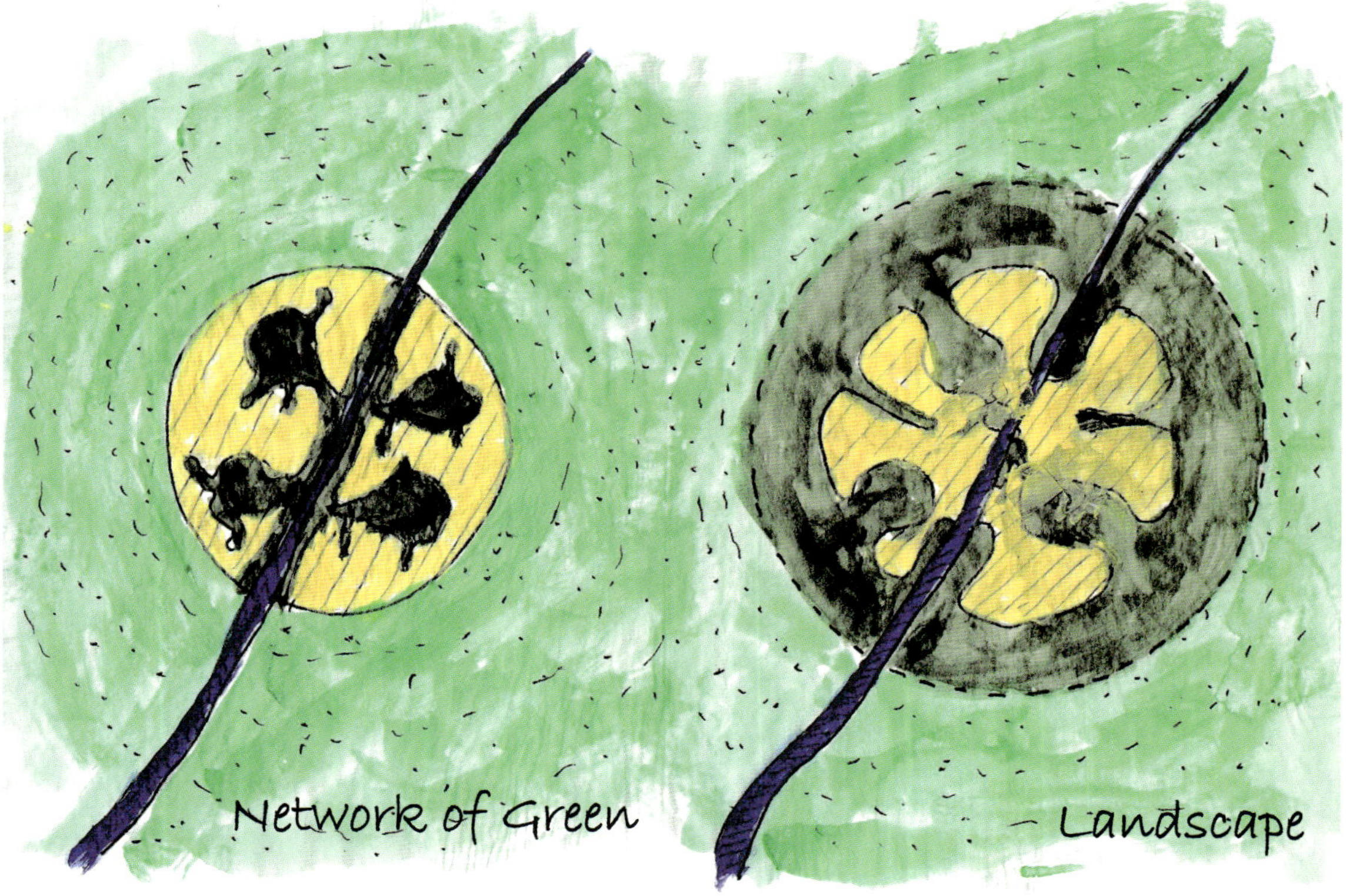

一之二　都市のランドスケープ計画

人が生きていくには、衣食住だけでは無く、絵や音楽のような精神的な情感が必要である。都市空間においても、生活上で必要不可欠な建物や道路だけでは無く、「生物としての人間」「情感を持つ人間」の人としての側面を充足する空間が必要である。このことは、建築計画における「機能と美」であり、茶の湯での「用と美」の両面と言える。建物や道路空間と共に、自然やゆとり空間を備え持つ都市空間が真の人々の生活の場(habitat)と言える。こうした空間は、当然ながら都市の利便性と整合しておかねばならない。建物や道路空間と、自然やゆとり空間が融合した都市空間作りが、都市のランドスケープである。

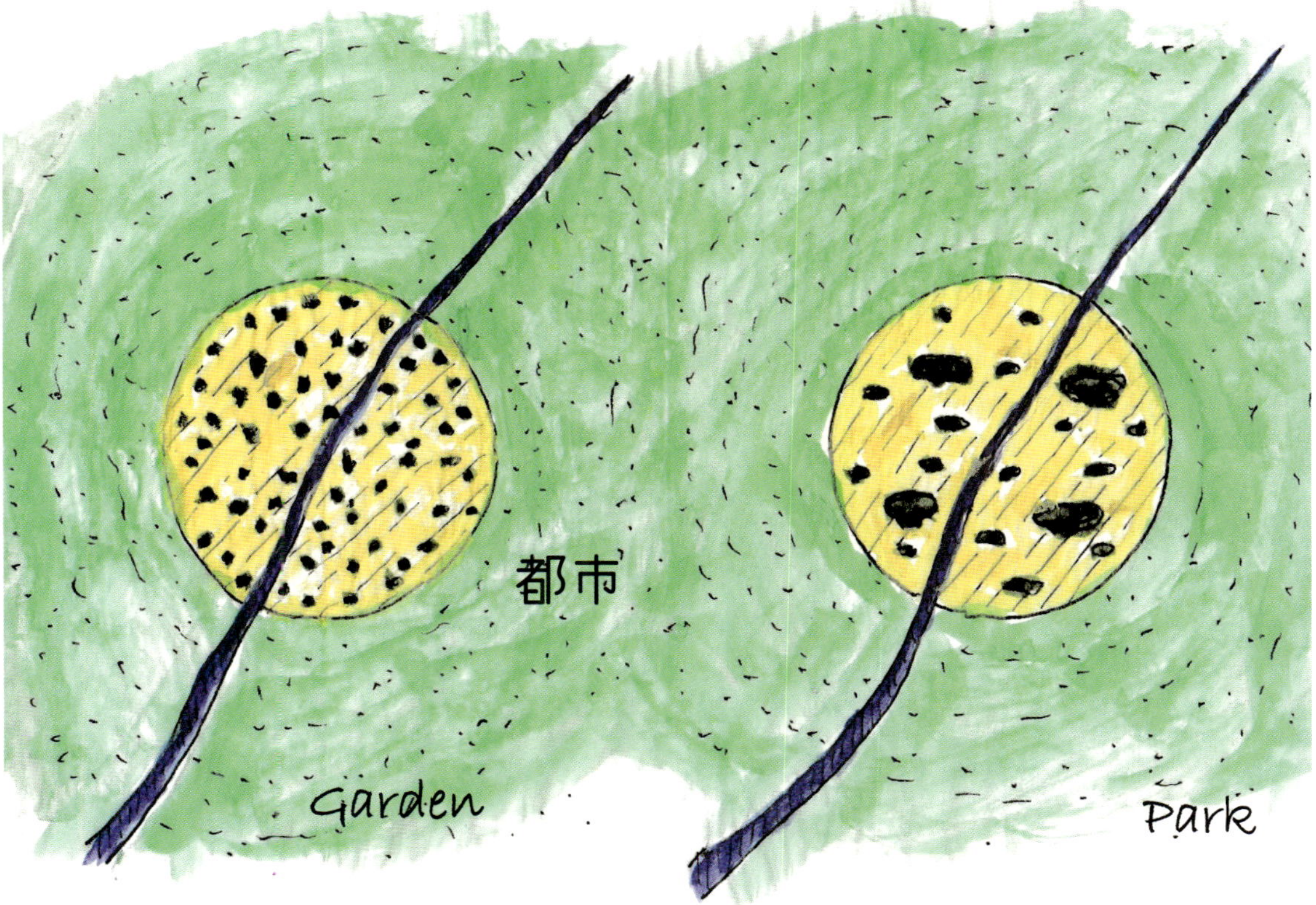

都市における庭・公園・緑のネットワーク及びランドスケープの概念図

都市の方位と周辺地形

日本の都市の海・山・川の位置する方位は全国一律ではない。都市が位置する地域の諸条件を十分に分析する事が必要である。

この各都市の海・山・川の方位と位置が都市の自然条件を位置づけている。それぞれの都市の固有の自然条件を生かす事が、各都市の個性、独自性を表現する。この都市における、海・山・川等の周辺地形の位置と方位を確認する事は、都市のランドスケープ計画立案の基本である。

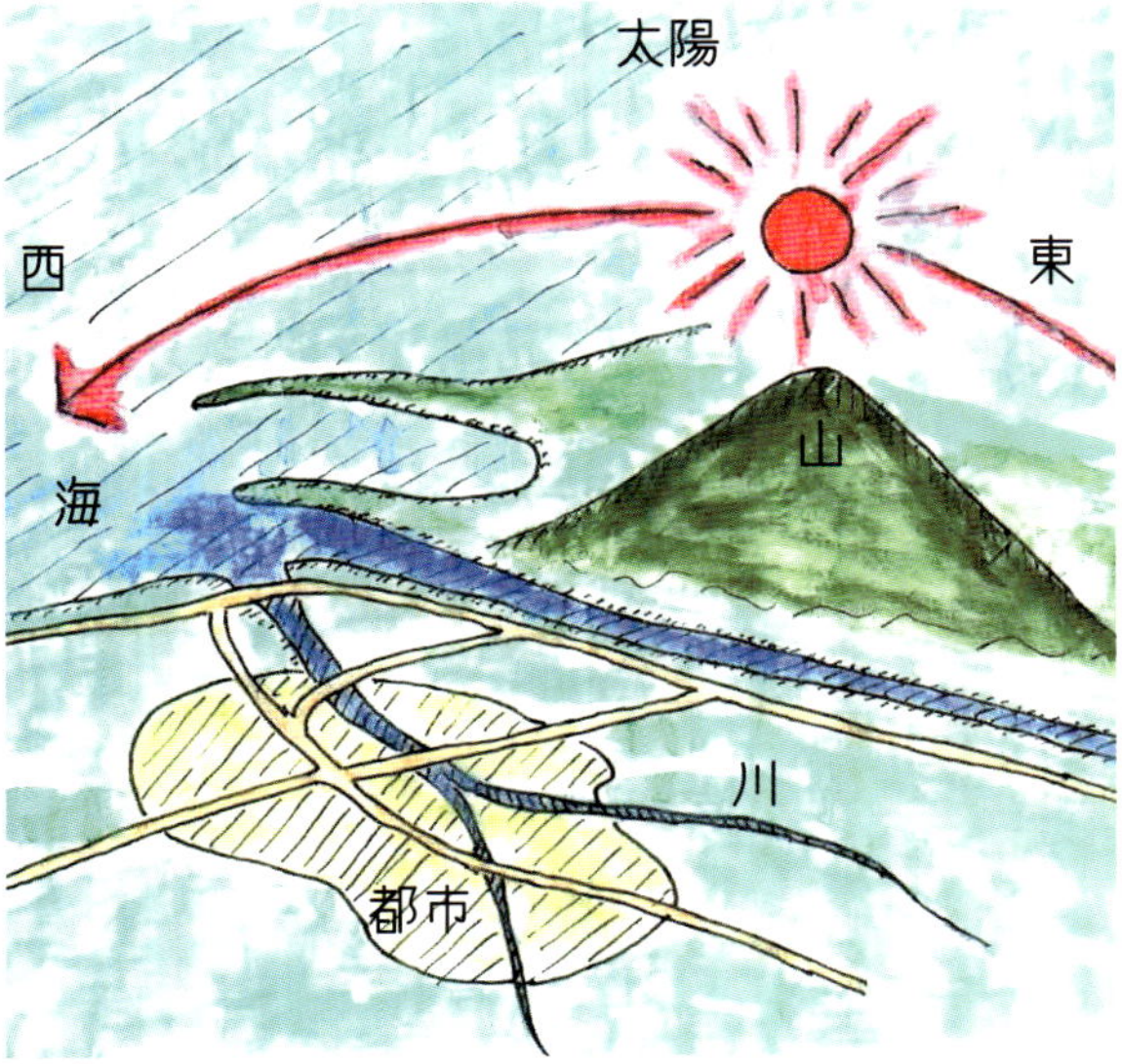

都市を取囲む、海・山・川と太陽の動き

都市内外の地形を生かして、都市及び地域計画を立案する。

日本列島は南北に細長く多様な海に囲まれている。都市を囲む、海・山・川の自然条件に太陽の動きを加えて計画すれば、それぞれの都市の独自のランドスケープ計画が成立する。

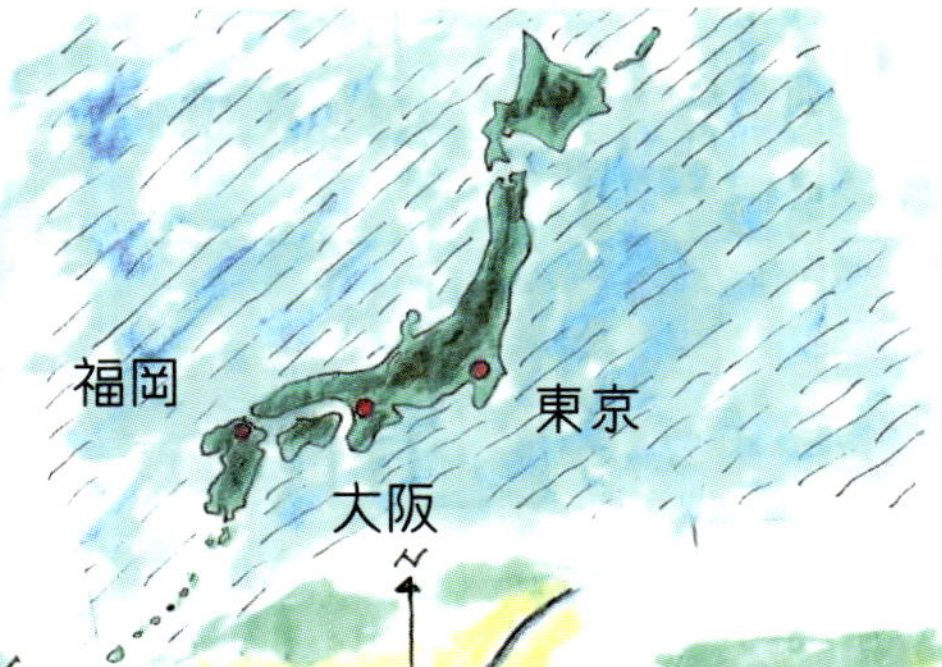

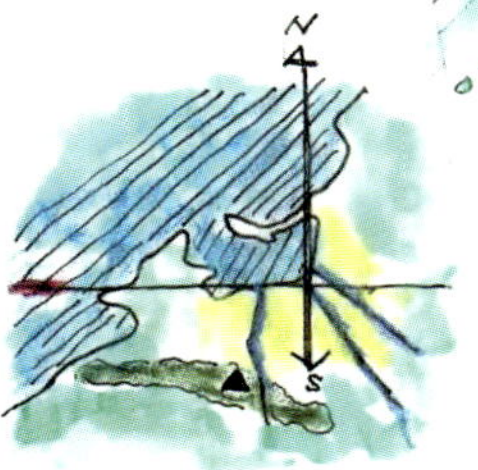

福岡：北に海があり、南に山がある。川は南から北に流れ、太陽は海に沈む。

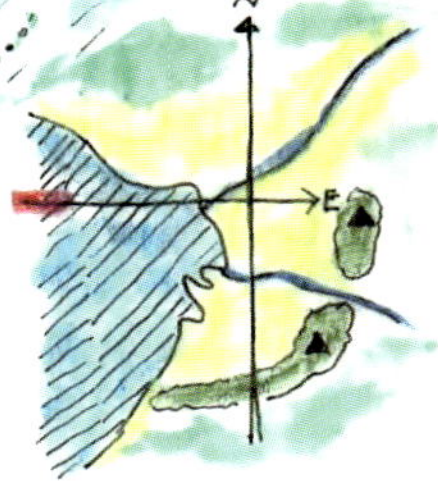

大阪：西に海があり、東に山がある。川は東北から西南に流れ、太陽は海に沈む。

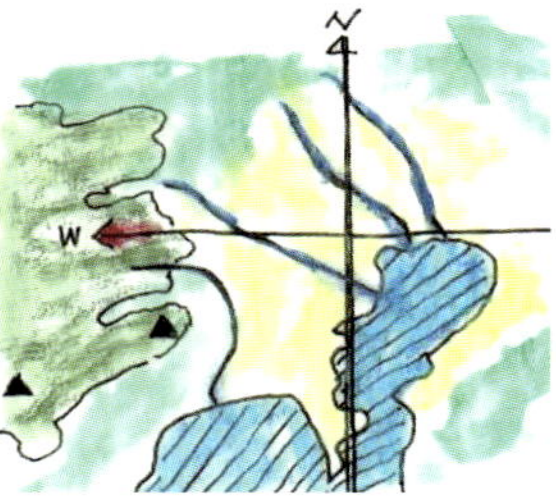

東京：東に海があり、西に山がある。川は北西から南東に流れ、太陽は山に沈む。

東京・大阪・福岡の海・山・川の位置と太陽の動き

地域の個性を演出するランドスケープ計画

北から南に細長い日本列島は、各地に多彩な気候と地形が存在している。また、日本は日本海と太平洋のみならず、多様な海に囲まれている。このことにより、日本の都市は、立地している気候・風土の違いにより、固有の都市景観を持つことが可能である。しかし、戦後の日本は、建築や土木構造物の標準設計や、人工的な景観要素主体の都市計画により、全国一律の都市景観を生じさせた。このために、その地域が持っている自然資源を生かしきってはいない。私達は、都市が立地しているその地域固有の気候、風土、文化を十分に理解した上で、自然的な景観要素の上に人工的な景観要素を的確に組み合わせることで、各都市固有の本来の都市景観を取り戻す必要がある。

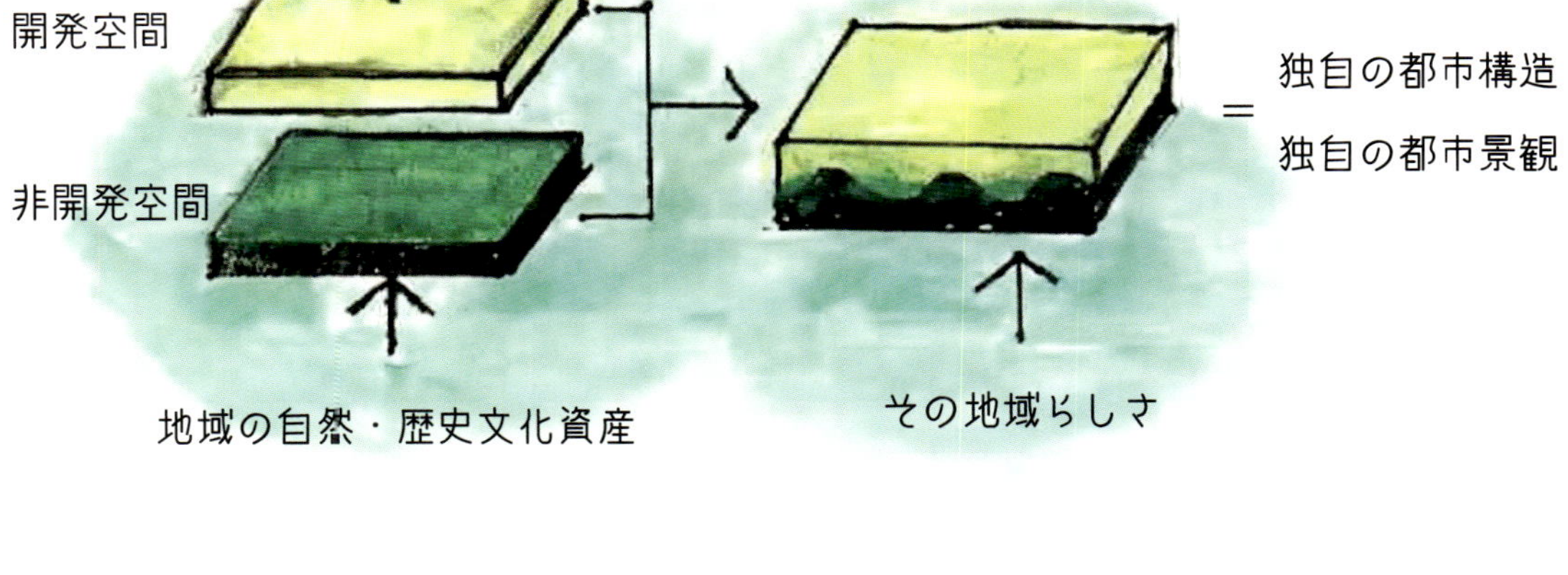

地域における開発空間と非開発空間との関係概念図

一之三　オープンスペースと近代都市景観との関係

都市景観を構成する要素は、人工的な景観要素（建築や土木構造物）と、自然的な景観要素（緑・水・歩行者空間）とに大別される。都市においては、建築や土木空間とオープンスペース（緑・水・道空間）との空間の組み合わせのあり方が、都市景観を決定づける。都市のランドスケーププランニングは、デザインの領域に留まらず、建築・土木空間とオープンスペースとを、どう組み合わせるのが効果的かという、空間の組み合わせの手法となってくる。それが、ランドスケープの手法であり、技術である。

特に日本の近代都市は、都市内に様々な建築物の形と色彩が氾濫している。このことが、日本の都市景観上の課題と指摘され続けてきた。個々の建築物を群として捉え、各都市の基調となる形や色彩コントロールによって都市の建築景観向上を図ると同時に、建築空間を緑空間で景観整序する必要がある。

巨大な下水道と化した都市河川

コンクリートで固められただけの水空間は、人々の生活から分断された空間となっていく。

河川景観と緑景観

巨大な下水道と化した都市河川も、一本の樹木が加わることで景観となり、鳥が飛来し、樹の下に魚が集まるというエコロジカルな関係が始まる。

埋立地の都市景観

緑も歴史も無い臨海部の埋立地の都市こそが、「緑を育て、海や太陽との関係を築く」ランドスケープの発想が必要である。

建築と歴史と緑のある都市

都市機能集約ともいえる高層ビル群も、緑や歴史的空間の基盤の上に成立して、都市としての価値がある。

建築空間の景観整序

都市景観に最大の影響を与えるのは、建築空間である。中世までの日本の都市内の建築物は、城閣等の権力者の象徴的な建物を除けば、木造低層建築物であった。こうした時代には、建築物の高さも統一され、建築物を構成する素材も木・土・紙と限られていたために、建築色彩も「茶とわずかな白と朱」の自然素材で色彩統一されていた。

しかし、明治維新後の欧米の近代建築技術の導入により、構造部材が鉄やコンクリートとなり、中高層の建築が可能となった。また、建築の表面を覆う素材も多彩となり、建築の形や外壁の色彩選択も自由となった。この結果、日本の都市には、様々な高さ・形・色の建築物があふれることとなった。

こうした日本の都市景観の課題を克服するためには、建築物のカラーコントロールの必要性を認識すると同時に、都市空間に建築空間と街路樹等の緑空間を融合させて、混乱した建築空間を景観整序する必要がある。

建築空間そのものが自然条件で囲まれる空間では、緑は庭的緑量で充足する。しかし、巨大化した人工素材から成る建築空間に対しては、緑は都市的スケールでの緑量が必要となる。

日本の伝統的建築物による町なみ

日本に近代建築技術が導入されるまでは、建物は木・土・紙の自然材料で構成されていた。

ロンドンの伝統的建築による低層建築物群

木造軸組みによる同じ形・同じ色が建築群になった美しさがある。

ロンドンの伝統的建築による中層建築物群

個々の建築の形が異なっていても、石材や煉瓦等の建築材料で構成されているために、統一された建築景観となっている。

混乱した建築空間

建築と道路だけの都市空間は、人が子供を育てて生活していく生息環境とはいえない。

建築空間と緑空間

多様な形・材料・色彩の建築群は、緑空間と組み合わせることで、景観が整序される。

一之四　都市におけるオープンスペース機能

都市における情感機能

都市の身近な生活空間のなかに、四季の変化、風の音、水のさざなみや、鳥のさえずりを感じられる空間が存在する事は、人々の心を豊かにする。こうした空間は、ただ都市をきれいに創造するということにのみならず、身近な生活の場に、四季の変化や雨の情景に接する機会が多くなることは、人々の情感が喚起される。

このことが、都市のオープンスペースが果たす、都市情感機能である。オープンスペースは、縦・横・高さの空間の三次元の建築や土木構造物と異なり、「時間」が加わった空間の四次元性を演出する。建築や土木は完成時から劣化が始まるが、樹木は植栽した時が始まりで、その場で時間の変化を重ねていく。古来より、美術品や優れた造形物の表現は自然造形をモチーフとしてきた。現代のハイテク技術進歩により、インターネットの普及やロボット技術及び人工知能の発達により、人間しか出来ない芸術・創造的な仕事がますます重要となってきている。人々の五感を喚起し、五感を育む空間を都市に織り込む事は、こうした意味においても重要である。

夕陽どきの“光と水と緑”ハーモニー

都市内の人工的空間においても、落陽時の太陽の光を受けた水面を演出できる。

都市の防災機能

都市の公園・緑地・道路・河川等のオープンスペースは、震災等の非常時には都市防災機能を果たす。過去の震災等での火災発生時には、広幅員道路や街路樹が焼け止まりの効果を果たし、公園や河川敷が一次避難地の役割を果たした。また、河川や水路の水が、初期消火の水として利用され、便所・洗濯の中水利用も果たした。都市のオープンスペースの計画・設計には、こうした都市防災機能を考慮する必要がある。

都市のオープンスペースは、平常時は都市のゆとり空間であるが、非常時は都市防災機能を果たすというランドスケープ計画が、現代都市には特に必要とされている。

（注）中水：上水、下水に対して、雨水利用等で飲用に適さないが、水洗トイレなどに使用される水道のこと。

オープンスペースネットワークの都市防災機能強化

都市のオープンスペースネッワークを、非常時には都市防災ネットワークに機能させる必要がある。

非常時には、公園には水場や便所があり、砂場等が炊事場としての利用が可能なために、一次避難地として利用できる。道路の街路樹は、都市火災の延焼防止機能を果たす。歩行者専用道路や緑道は、徒歩での避難ルートとなる。また、中小の都市河川の水は、初期消火用水や

〈非常時の河川水の利用〉

阪神淡路大震災時には、都市河川の水を利用して火災の初期消火活動が行われた。また、水道水の供給が止まったために、河原に洗濯機を持ち出して、河川水を洗濯のための生活用水に利用した。

平常時には、都市河川は水と緑の重要な空間である。

バケツリレーで消火活動

河原で洗濯

便所の排水・洗濯水として利用され、大河川は鉄道・道路の交通網が寸断された時の、避難物資の運搬ルートに活用される。

地震等の都市災害が絶えない日本の都市では、都市のすきまであるオープンスペースの防災機能を強化して、オープンスペースネットワークを防災ネットワークとして再構築する必要がある。

（注）一次避難地：災害時の危険を回避するために緊急に避難する場所。

＜非常時の一次避難地の利用＞

近隣公園（兵庫県芦屋市芦屋公園）

広いオープンスペースがある近隣公園や地区公園は、防災の拠点施設となる。

河川敷の一次避難地（兵庫県芦屋市芦屋川）

洪水の危険の無い時期の河川敷は、水が得られる立地なので、一次避難地としての利用をより検討する必要がある。

街区公園（兵庫県西宮市内の街区公園）

水やトイレがある、住宅地の近くにある街区公園には、防災機能を充実する必要がある。

※写真はいずれも阪神淡路大震災直後に撮影

第二章

日本の近代化と
都市景観のミスマッチ

二之一　日本の都市計画変遷とオープンスペースとの関連

本書のテーマである「和のランドスケープ」とはを考える前提として、日本の都市計画変遷と都市のオープンスペースとの関連の歴史を振り返る必要がある。日本の都市計画の歴史を振り返るなかで、「和のランドスケープ」の意義と成立の必要性を明確としたい。

古代～中世～近世

日本の都の整備

日本の都として整備された、藤原京（六九四年）、平城京（七一〇年）、平安京（七九四年）は、唐の長安をモデルとして、東西南北の方位の条坊街路割による都市構造となっている。都の場所の選定は、山に囲まれている立地が選ばれてきた。日本人は、山が都市や人々の生活を守ってくれると感じてきた。

城下町形成時代（一五〇〇年代の後半～安土桃山時代）

日本の都市計画上で、日本固有の都市形態が城下町の整備である。各地にこの時代に整備された城下町は、東西南北方位の街路割条理の道路形態を原則としながら、その形態に固執すること無く、周辺の海・山・川の自然地形と都市とを融合させた。城下町は領主にとっての防衛都市だけでは無く、都市と自然との融合を成し遂げた事が、ヨーロッパの中世都市とは大きく異なる点である。城下町には日本の都市レベルの「和のランドスケープ」の原点がある。

江戸期までの都市と周辺地形

明治維新以降の欧米の都市観が日本に導入されるまでは、日本の都市は、都市外部の海・山・川の地形を都市内の景観として取り入れて来た。周辺地形との関係が、東京の「富士見坂」や「潮見坂」の地名として残っている。また、日本の都市は、東西南北の方位の中で、唯一、西側のみが都市空間構造として現在に残っている。東京の日暮里や大阪の夕陽丘では、寺院空間に西の夕陽景色を織り込んできた。

一八六〇

欧米都市文化・施設・制度の導入と整備

1868　明治維新

明治維新（一八六八年）

明治維新による都市の近代化に際して、城下町の中心の城閣部が城址公園となり、城周辺の上級武士の大きな敷地（スーパーブロック）が役所、学校等に入れ換わり、外堀・内堀が、都市内のループ道路として転換し、城下町はその都市構造を大きく変えることなく近代都市へ移行された。江戸期の城下町からスムーズに土地利用転換をして現代都市に移行した代表事例が東京である。この明治維新後に、欧米から都市公園や、道路の街路樹の概念が導入された。また広幅員道路（ブルバァル）を都市の骨格とする概念も導入された。

一九四〇

戦災復興事業等

1945　終戦

終戦（一九四五年）・戦災復興事業

明治期から戦前までは、特に地方都市においては、城下町時代の都市範囲を大きく変えることは無かった。しかし、戦後の人口増加により、都市への人口流入と自動車交通の発達が、地方都市をも含めて、従来の都市構造を大きく変化させる事となった。また、空襲によって焦土と化した大都市では、復興と従来都市の改造のための復興土地区画整理等の事業が実施された。こうした事業により、都市の骨格となる広幅員道路や、計画的配置論による公園・緑地及び河川緑地等の整備が行われた。

一九六〇

高度経済成長

ニュータウンの時代

1964　東京オリンピック

高度経済成長

戦後の復興・経済成長に伴い、都市内に宅地開発・マンション開発が急増し、都市郊外も宅地開発が進み、「日本の都市にどうしたら緑が増やせるか」が議論されるようになる。民間住宅事業と連動させた建築基準法・都市計画法や宅地開発要綱による、民間開発による緑の増加の制度整備が行われた。公共による公園・緑地整備だけでは無く、民間開発の中で都市内のオープンスペースを増加させようと意図した代表的な制度が、一九七〇年制定の建築基準法の総合設計制度である。

ニュータウンの時代

さらなる高度経済成長と伴に、東京・大阪・名古屋等の大都市圏では、多摩ニュータウン（都市計画決定一九六五年）に代表されるような、大規模ニュータウン時代を迎えた。このニュータウン開発の計画では、既存都市にない「欧米諸国並みの公園緑地面積の向上」、都市のなかで車と出合う事無く歩ける「歩行者空間のネットワーク整備」等が開発目標として掲げられた。特に、新興住宅地の魅力づけのために、「オープンスペースを基軸とした都市開発」が行われた。

山岳地形の日本の国土は、都市の近くまで山が迫った立地にある。しかし、急激な人口増加に伴う大都市近郊の大規模ニュータウンは、この都市近郊の山地の造成まで手をつけざるを得なくなった。　日本のニュータウン開発と欧米のニュータウン開発における課題の大きな違いは、都市後背地の丘陵地を造成するために、開発のなかで「尾根や谷戸の微地形の保全や復元、そして地域の自然の復元」であった。このために、「丘陵地開発における自然環境保全計画」が技術的に検討された。また、開発のなかで保全された二次林の「里山の整備と活用」の考え方も整理された。この日本独自のニュータウン開発の到達点が、横浜・港北ニュータウンの「グリーンマトリックスシステム」の都市理論である。さらには、こうしたニュータウン事業においては、オープンスペースにおける新たな様々の施設整備の試みも行われた。このニュータウン整備時代が、日本の近代ランドスケープの手法・技術が、最も検討整理された時期と言える。

“緑の都市”の実現化方策

一九七〇

1970　総合設計制度

大規模再開発の時代

一九八〇

バブル崩壊

大規模再開発の時代

ニュータウン開発と同時に、西新宿の超高層開発（一九七四年）に代表されるように大都市の都心では都市再整備も同時に進められた。そして、バブルの崩壊（一九八九年）を機に、日本におけるニュータウン時代は完全に終わりを告げ、既存のインフラ再整備も含めた都心の再開発へと日本の都市政策は大きく変化していく。建築技術の進歩により、都心の再開発は五〇階を超える超高層ビル建築の時代を迎える。優良な再開発は、その開発理念に「緑の空間拡大と都市防災向上」が掲げられて、民間事業により都市の中心部に大規模なオープンスペースが出現することとなった。都市の高度利用によるオープンスペースの創出は、「建築スケールと人体的スケールとの空間的調和」、「緑の成長限界と建築ボリュームとの空間バランス」、「貴重な土地で生み出された多雨国での広場等の屋外空間のあり方」などの課題解決のために、現在も新たなオープンスペース整備の試みが続けられている。

“緑の都市”の実現化方策

大規模再開発の時代

環境共生の時代

都市災害の連続

一九九〇

環境共生都市の提案

一九九二年の京都議定書により、世界的な地球温暖化の対策が叫ばれるようになった。一九九二年の「生物多様性国家戦略」の策定、一九九三年には環境基本法が制定され、二〇〇二年には「自然再生推進法」も制定された。こうした環境に対する社会動向は、都市内の緑や水が景観的な意義だけでは無く、地球規模の環境としての意義、及び、人間以外の生物相保全の意義が強調された。都市のオープンスペースの整備は、よりエコロジカルな意義と、生物生息を可能とするソフトな整備が付加されることとなった。

都市災害

日本の戦後は、幸いにして大きな自然災害に見舞われる事がなかった。しかし、日本の都市は、阪神・淡路大震災（一九九五年）、東日本の大震災（二〇一一年）、熊本大地震（二〇一六年）と、連続的にマグニチュード7以上の地震に襲われた。こうした都市災害に直面することにより、都市の公園・緑地・道路・河川等のオープンスペースにおいては、非常時の都市防災機能が認識されることとなった。

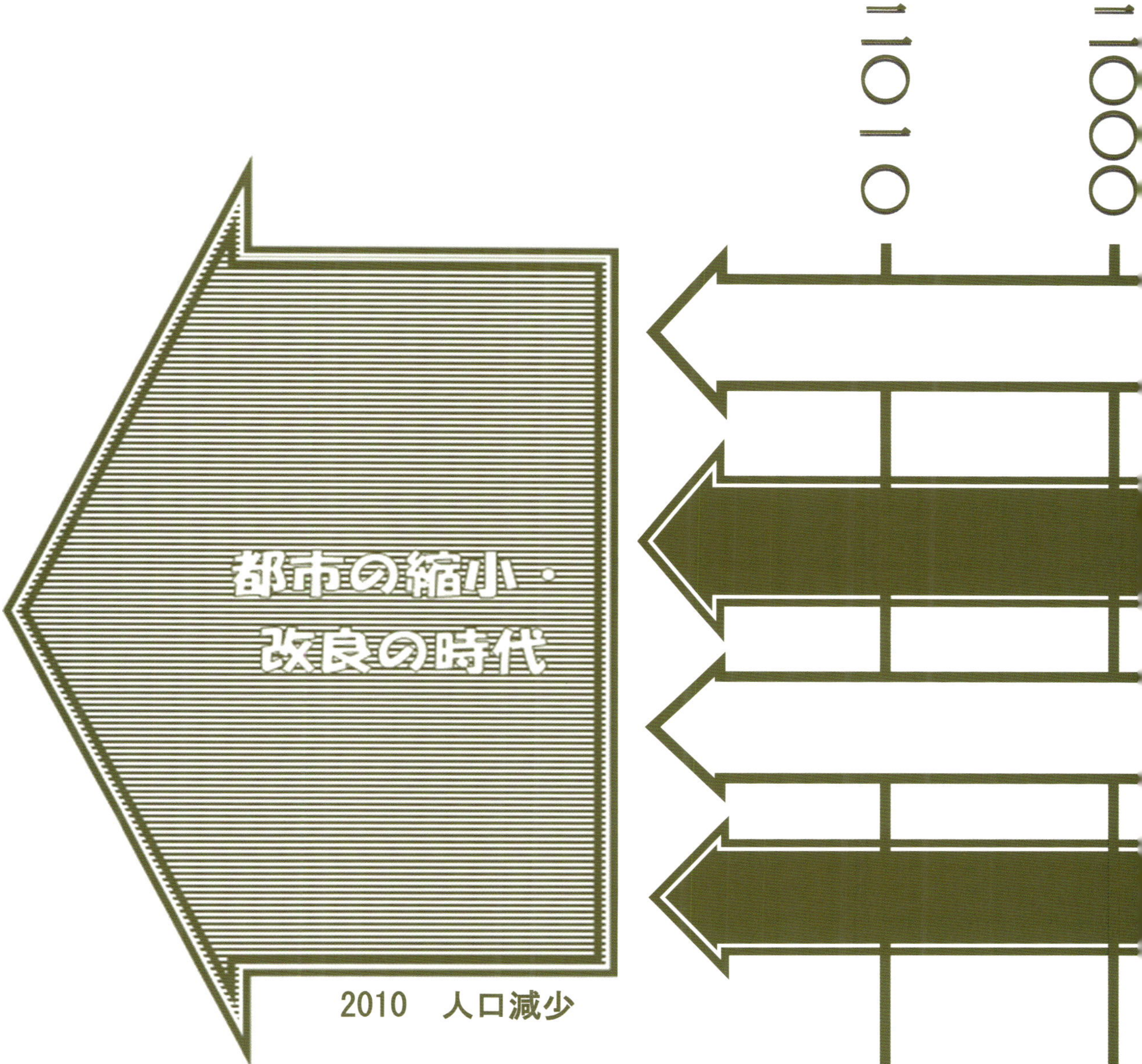

人口減少と高齢化

今後の日本の都市は、人口減少と高齢化により、都市の中心部においても空き地・空き家が発生する現状となっている。明治以降から拡大を続けて来た日本の都市は、縮小・改良の時代を迎えている。明治維新後約一五〇年、戦後約七〇年の現在において、今後の日本の都市のあり方が問われている。その日本の新たな都市再編の方向性は、「人間のための都市」であり、「環境と共生した都市」及び、「日本の多様な気候・風土を生かした地域の個性ある都市」であると考える。

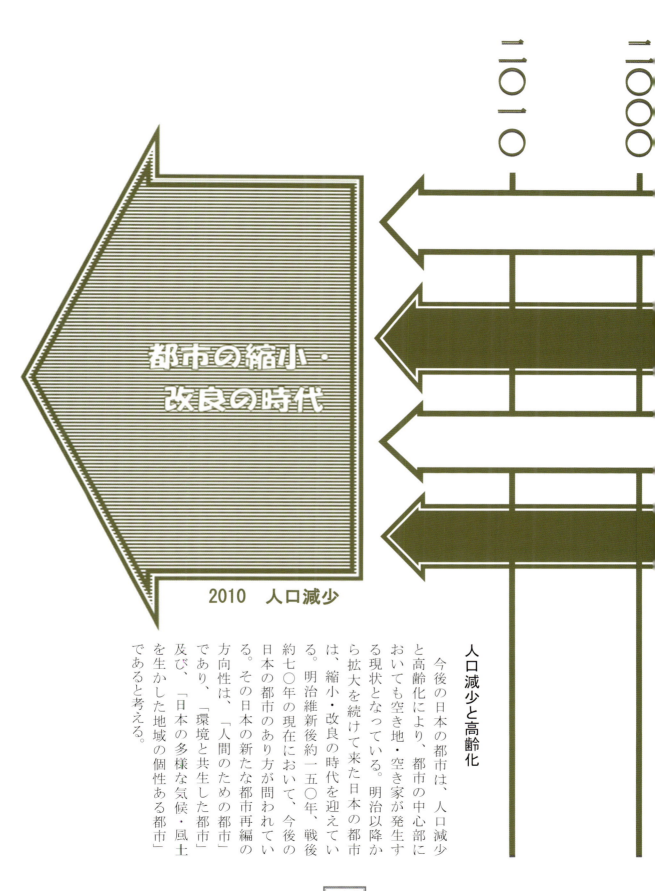

日本固有の都市形態：城下町構造都市

現在においても、全国的に見られる日本固有の都市計画は、城下町を基礎として発展した、城下町構造を有する都市である。

日本の都市の市街地形成は、近世における城下町整備に端を発する都市が多い。こうした城下町は、その多くを一六〇〇年代前後の秀吉・家康の時代に整備されている。領地を拝領した戦国大名は、城下町を都市防衛や都市の商業・工業振興のための都市機能だけでは無く、ランドスケープの視点からの都市美を考慮した都市建設を行った。ヨーロッパの都市のように、自然と対峙し、自然と分断した空間を創り上げるという都市形態と異なり、城下町は、街路を東西南北に配置した碁盤目状の「条坊街路割」を都市の骨格としながらも、周辺の海・山・川の地形を巧みに取り入れ、自然と融合した都市を作りあげた。

現在においても、城下町を基礎として発展してきた「城下町構造都市」は、地域の個性があふれる魅力的な都市が多い。

香川県高松市の近世図と現代図

近世図（高松城下町屋敷割図．出典：香川県立ミュージアム蔵）

現代図（1:25000、国土地理院・平成17年7月1日発行を基に著者が作図）

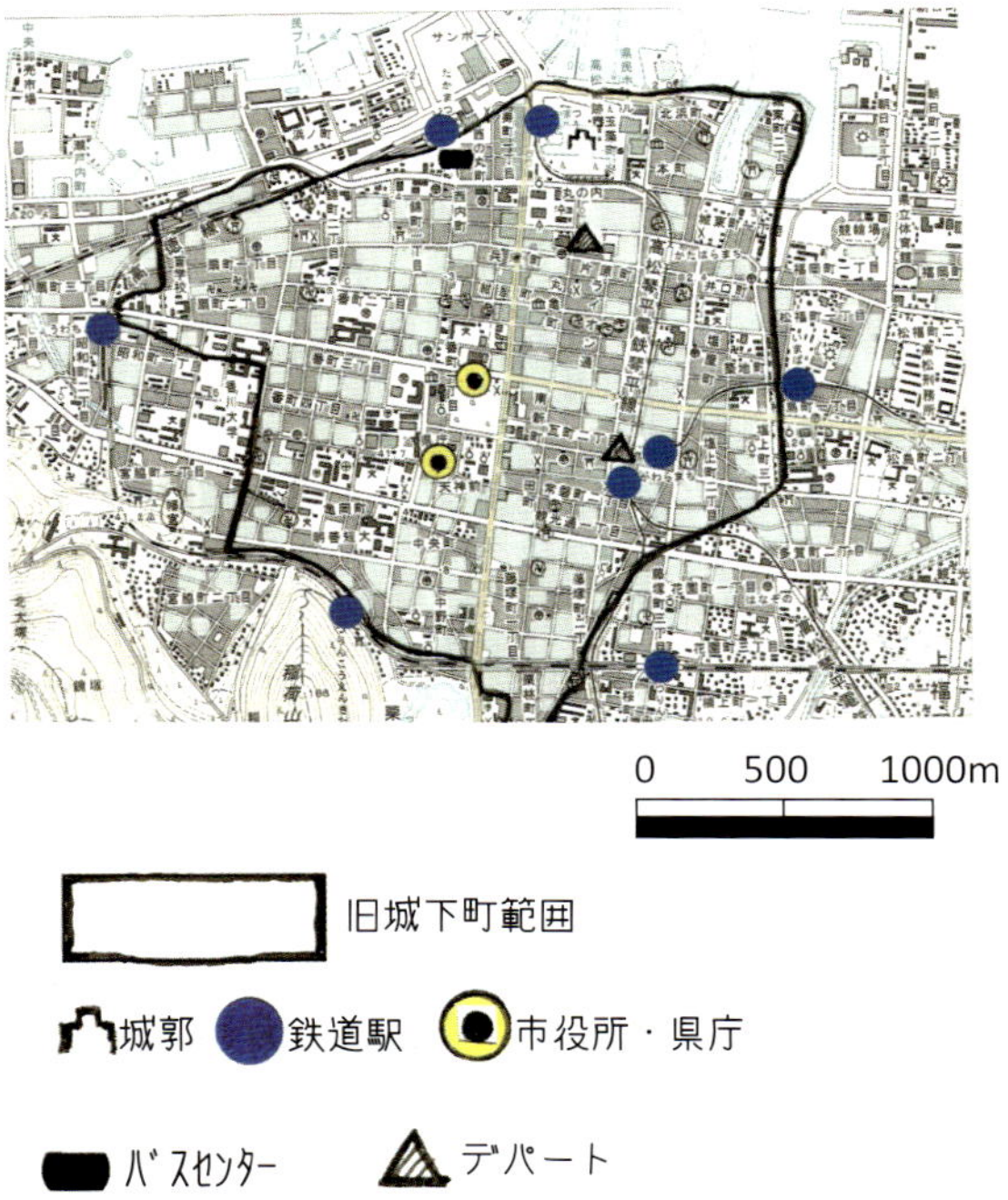

佐賀県唐津市の近世図と現代図

近世図

（肥前国唐津城廻絵図、
国立公文書館蔵）

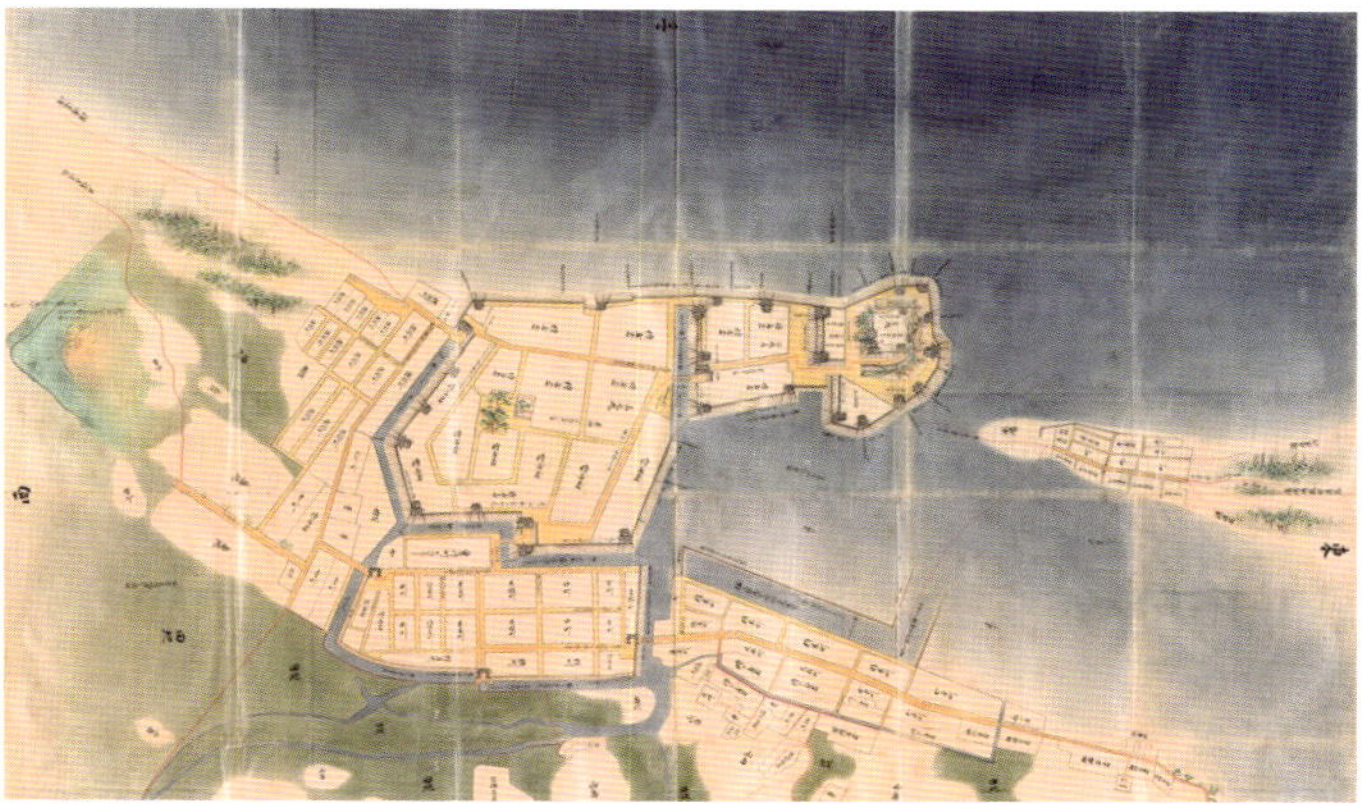

現代図（1:25000、国土地理院・平成14年12月1日発行を基に著者が作図）

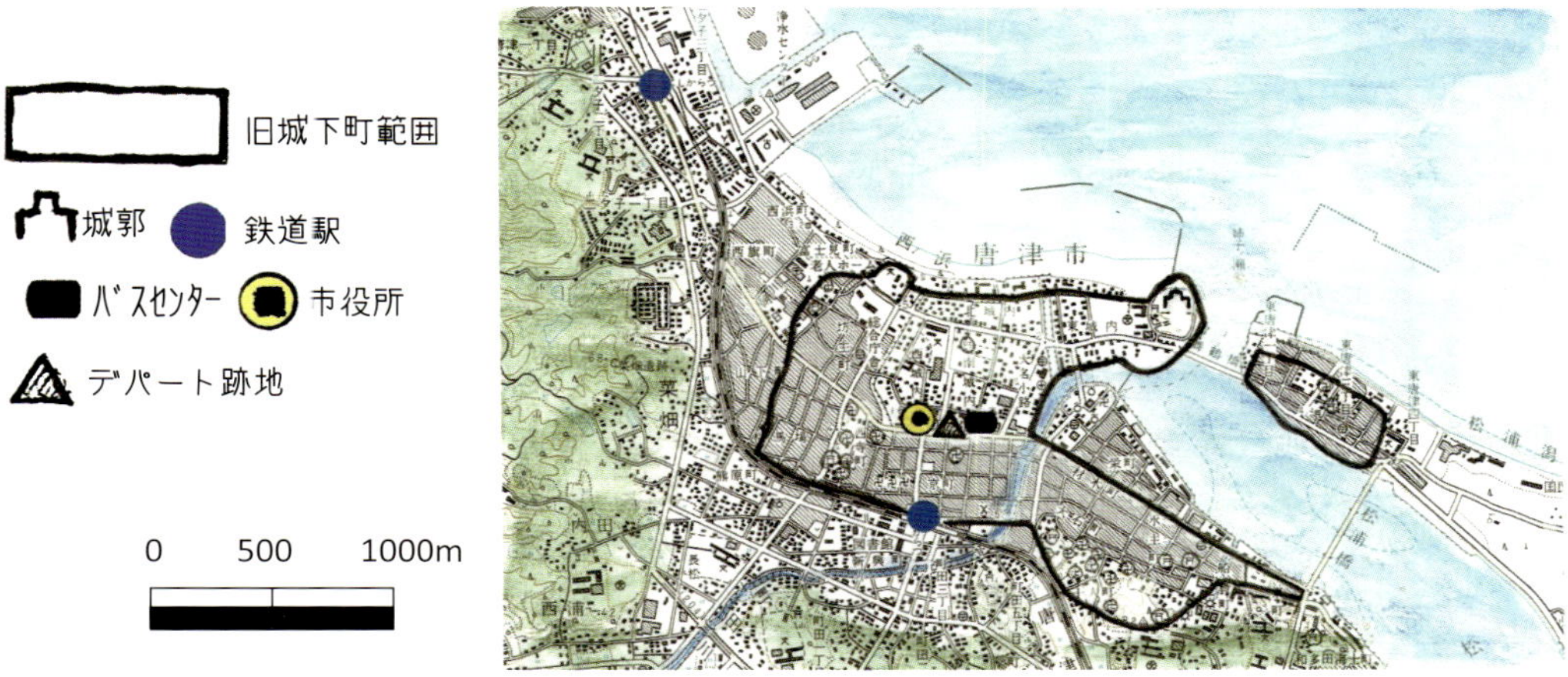

滋賀県近江八幡市

城下町を基礎として近江商人の町として発展した。

都市におけるオープンスペースの変遷（緑・水・道空間）

都市における緑・水・道空間の構造は、時代の変遷による技術発達や、自動車対応の道路形態によって、その空間構造は変化してきた。

緑空間は、近世の都市においては、周辺の山の緑を景観として取り込むことで、都市の緑を充足し、明治以降は西欧の公園緑地の概念が都市施設としての位置を占め、高度経済成長地の都市膨張期では、周辺の丘陵地の自然を都市開発の中でどう内包するかが計画されてきた。

福岡市中心部の緑・水・道空間

現代に整備された大都市は、自動車対応の街路構成がなされた。歩行者専用道路としては、商店街にはアーケード街、河川沿いにはプロムナードが、そして、地下街に歩行空間の商業空間が整備された。

飛騨高山の緑・水・道空間

近世に整備された歴史的都市の中心市街地は、人に対応した細街路で構成されているために、現在においては、結果的には、街なかが歩行者空間となっている。

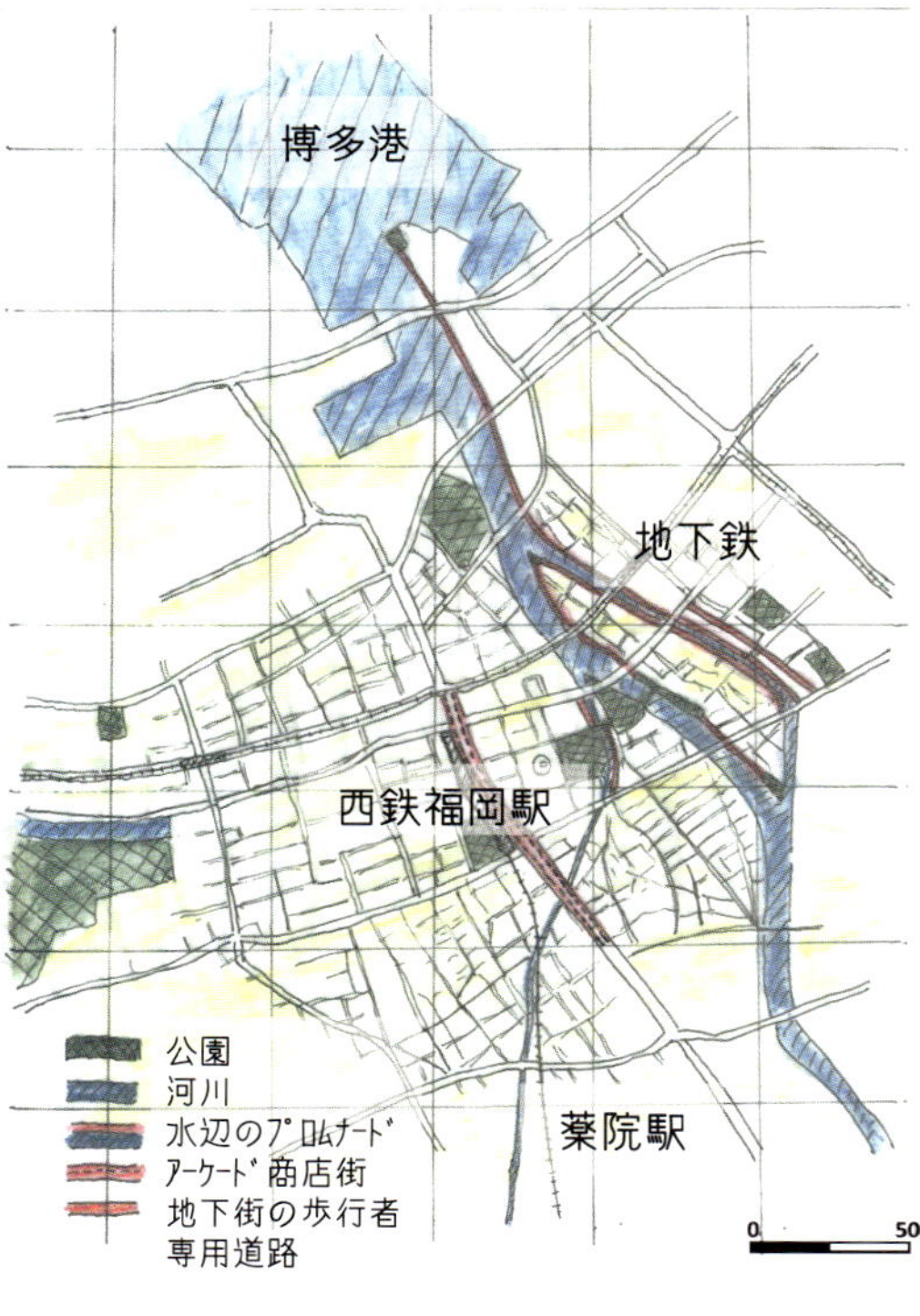

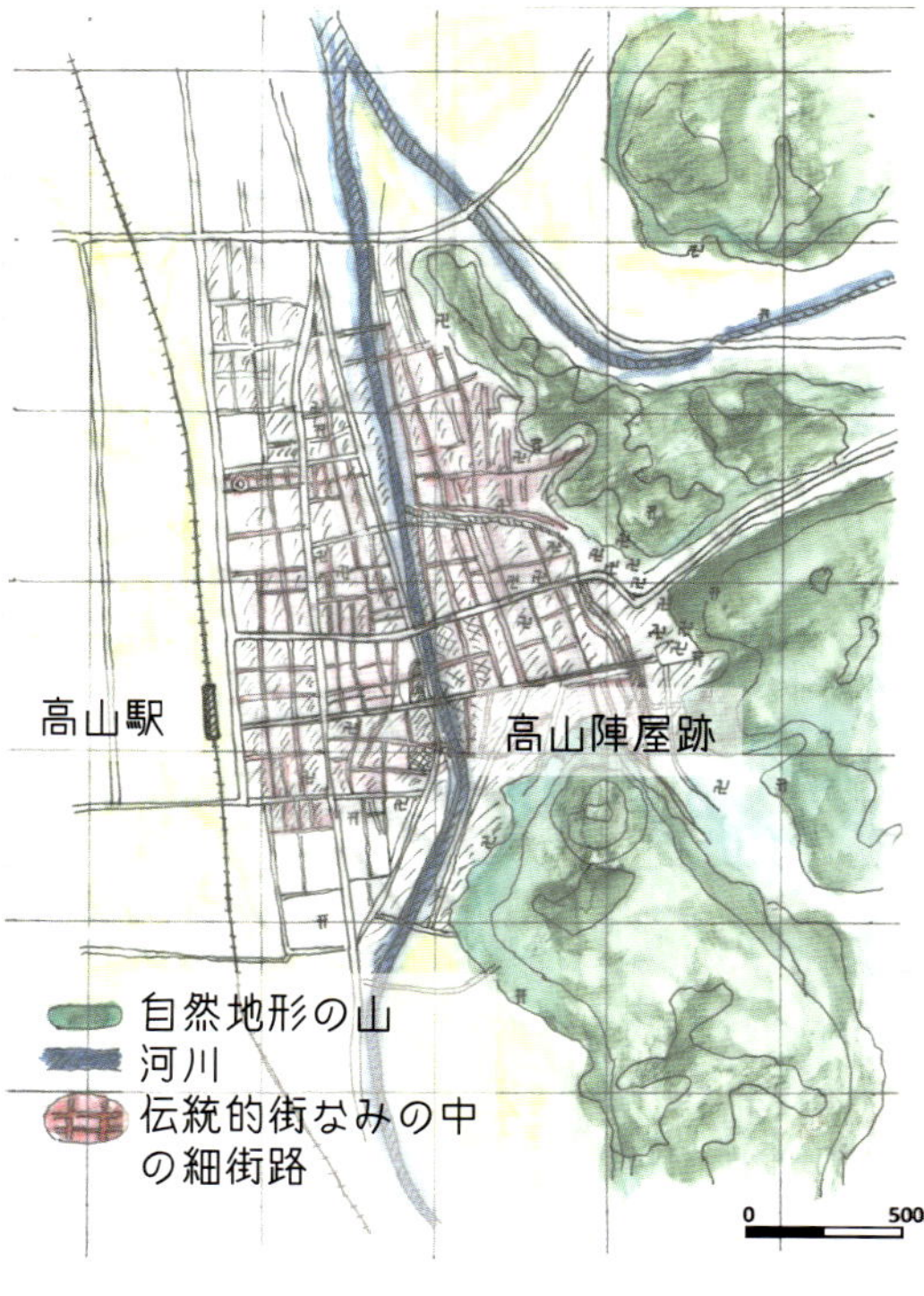

かつては、都市立地において、河川が水運及び上下水道機能として欠くことのできない要因であったが、明治以降の近代的な上下水道整備により、河川は治水機能としての整備とともに修景機能としての整備が進められた。

道路は、自動車がない時代は、道路自体が歩行者空間であったが、車道の整備により、歩行者空間道が独自に整備されるようになった。

今後の日本は、人口減少により都市の膨張期が終焉し、既存都市の都市改造のなかで、新たな生活形態に対応した、緑・水・道空間のあり方が模索されている時期にある。

横浜・港北ニュータウンの緑・水・道空間

計画的な新市街地であるニュータウンでは、都市計画において歩行者専用道路のネットワークが組み込まれている。港北ニュータウンでは、公園緑道系等の緑系と、道路系との２系統の歩行者空間がネットワークされている。

オープンスペースを基軸とした「緑の都市」への再編

都市に緑のネットワークをつくる

　都市の緑のネットワーク計画を立案するためには、公園緑地等の都市施設を基軸として、学校等の公共施設内の緑地や、集合住宅地内等のまとまった緑地を組み合わせて、都市に緑のネットワークを構築していく必要がある。緑のネットワーク計画の具体的な政策として、二〇〇四年（平成一六年）より各都市での「緑の基本計画」の策定が求められた。しかし、既成市街地では、大規模な都市改造が無い限りは、緑の連続空間を構築する事は困難である。

　日本の都市は、欧米の都市に比して、公園緑地面積が低い現状にある。このために「緑豊かな都市」への改善に向けて、様々の努力が現在ま

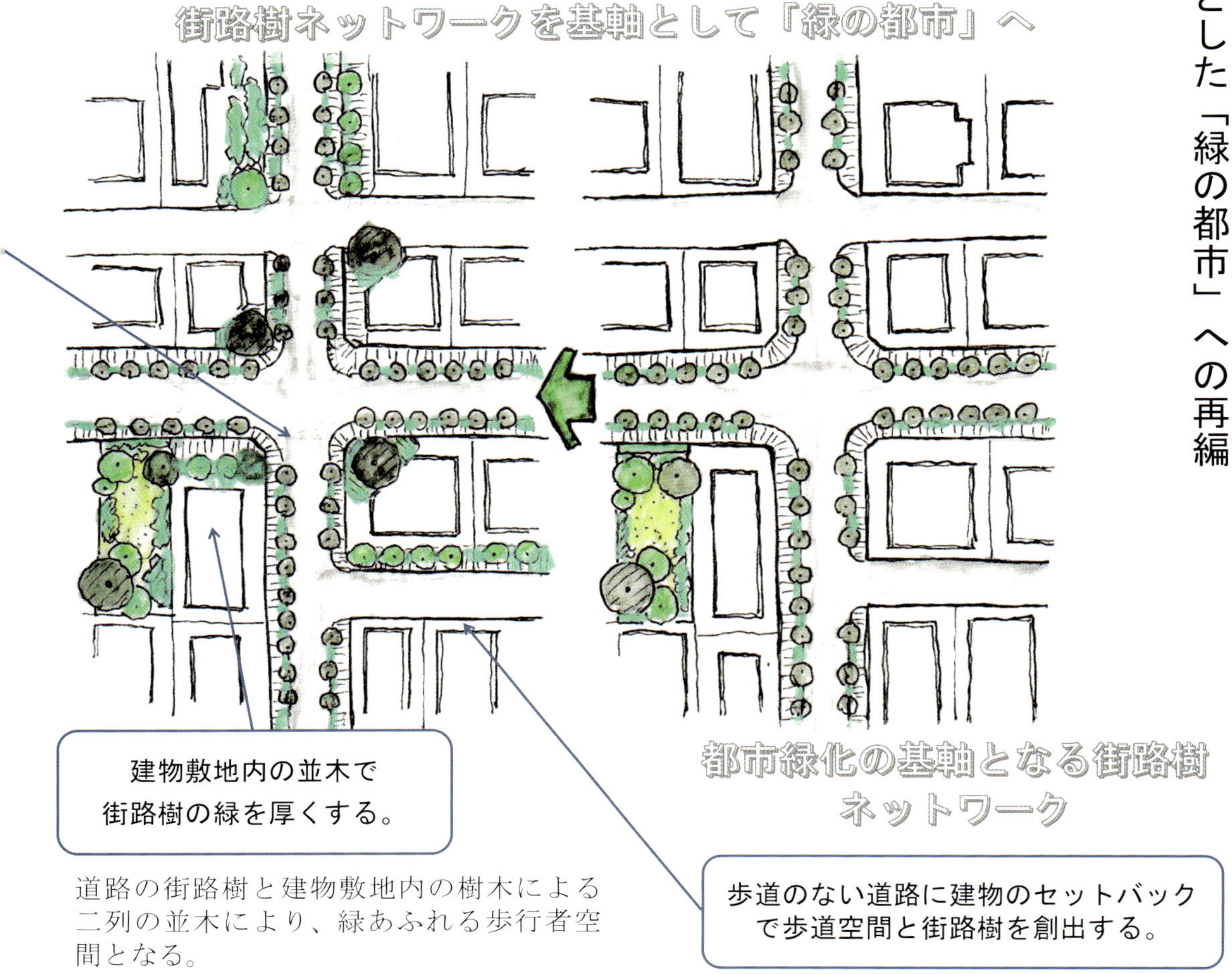

街路樹ネットワークを基軸として「緑の都市」へ
建物敷地内の並木で
街路樹の緑を厚くする。
都市緑化の基軸となる街路樹
ネットワーク
歩道のない道路に建物のセットバック
で歩道空間と街路樹を創出する。

道路の街路樹と建物敷地内の樹木による二列の並木により、緑あふれる歩行者空間となる。

40
TOPPAN

でになされてきた。都市部では、行政による公園緑地のための用地取得は、財源や整備期間において限界があるために、民間開発事業におけるオープンスペース創出のために様々な検討がなされ、制度が策定されてきた。

民間建物の建替えに伴うオープンスペースの創出

道路の街路樹や河川の水系等の線形的なオープンスペースの基軸に、公園・緑地・寺社仏閣の核的施設を結びつけていくだけでは無く、民有地内の緑地もこの緑のネットワークに組み込む必要がある。この時に、民間敷地内の緑が将来的にも維持されるという担保性が必要である。

建物の建替えや、再開発で創出されるオープンスペースの蓄積が、日本独自の「緑豊かな都市」を実現させる。各建物の都市の貢献度に応じて、行政による容積率の緩和等の支援が必要であり、地区計画や公開空地制度等の都市計画や建築制度との連携が必要とされる。

交差部の緑を厚くする

道路の交差点での建物敷地内で核的緑の創出する。

道路の交差点部は、街路樹の連続が切れ、人々が立ち止まる空間なので、都市緑化の効果が大きい。

総合設計制度による公開空地の確保

歩道の無い道路では、総合設計制度の活用により、建物は容積率のアップを受け、建物敷地内に歩行者空間の確保が可能となる。

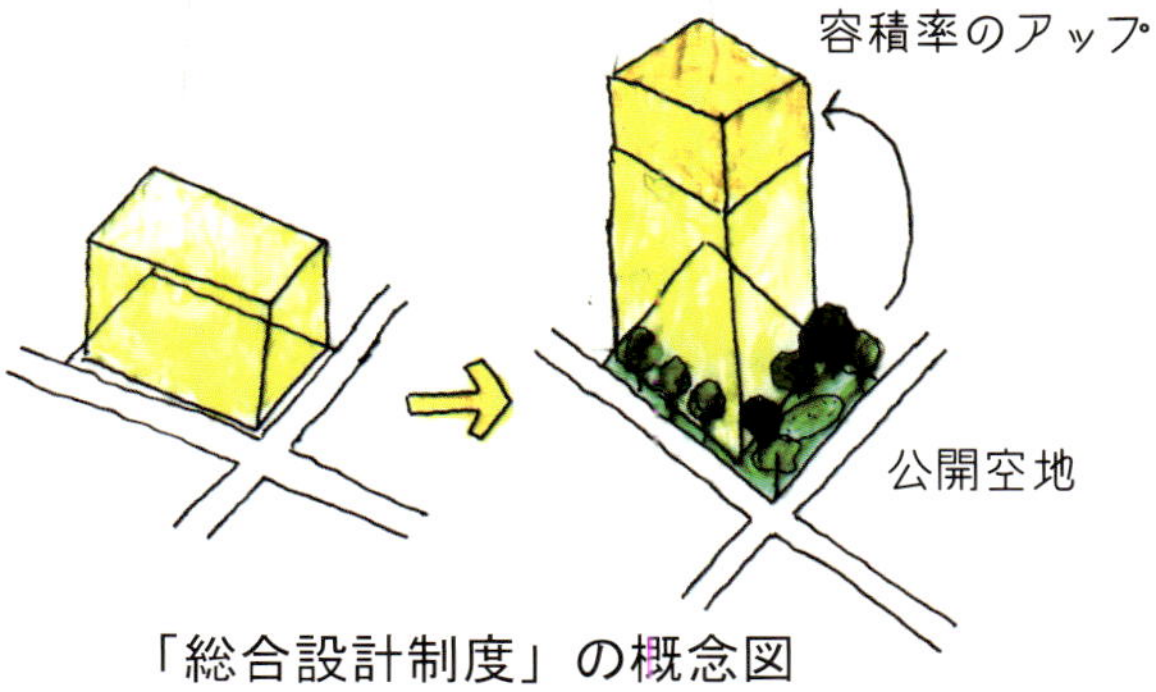

「総合設計制度」の概念図

オープンスペースを基軸とした都市開発

ニュータウンの時代

一九七〇年代からの日本の高度経済成長に伴った都市への人口集中により、都市の後背地である丘陵地への住宅開発が始まった。特に首都圏においては、多摩ニュータウンに代表されるような大規模ニュータウンの整備が行われ、東京近郊のいくつかの丘陵地は、都市開発のために大造成された。

首都圏の大規模ニュータウンの位置図

多摩ニュータウンのせせらぎ緑道

ニュータウンで蓄積した様々な技術的成果を駆使して、人工造成盤の上に、せせらぎ緑道整備と集合住宅の建物配置との調整で、“建築と水と緑との一体的な景観”形成が成し遂げられた（八王子地区）。

横浜・港北ニュータウンのグリーンマトリックスシステム

横浜・港北ニュータウンは、公園・運動公園と集合住宅や施設用地内の保存緑地などのオープンスペースを、校庭や神社仏閣などを、緑道・歩行者専用道路で結んだ「グリーンマトリックスシステム」という都市計画理論で整備された。この手法は、豊かな自然に恵まれたコミュニティと野外レクリエーションの場を体系化することにより、各施設の緑とオープンスペースが相乗効果を発揮し、開発前の緑の保存・活用、及び都市防災等に役立てている。

総合公園・地区公園・近隣公園の基幹公園は緑道で結ばれ、ニュータウン内には巨大なグリーンネットワーク（緑環）が形成された。これが港北ニュータウンの都市の骨格を形成している。

当初は、欧米のニュータウン事業を下敷きとしてスタートした日本のニュータウン事業も、港北ニュータウン事業にて、日本独自の都市計画理論で整備された「和のニュータウン」を完結させた。

横浜・港北ニュータウンのグリーンマトリックス

横浜・港北ニュータウンの都市計画の理念である“グリーンマトリックスシステム”は、公共の公園・緑地と民間敷地内の保存緑地との緑が一体となり、「緑豊かなニュータウン」を実現させた。

出典：港北ニュータウン・グリーンマトリックスシステムによる緑の保全と活用、住宅・都市整備公団港北開発局、1911.

港北ニュータウンの保存緑地制度

ＵＲ施行による港北ニュータウンは、緑を都市の基軸とした独特の都市計画理論で整備されている。総合公園・地区公園・近隣公園等の核となる緑を緑道で結び、この緑軸に学校・集合住宅・企業の事業所・研究所用地等の大規模敷地（スーパーブロック）を立地させる土地利用計画となっている。

こうしたスーパーブロックの中にまとまった民有地内緑地（保存緑地）を確保し、この保存緑地が緑道に付加されることで、大きなオープンスペースの広がりが演出されている。

この港北ニュータウン独自の保存緑地制度が、ニュータウンの土地区画整理事業で生みだされる公園・緑地面積率の限界を大きくカバーしている。

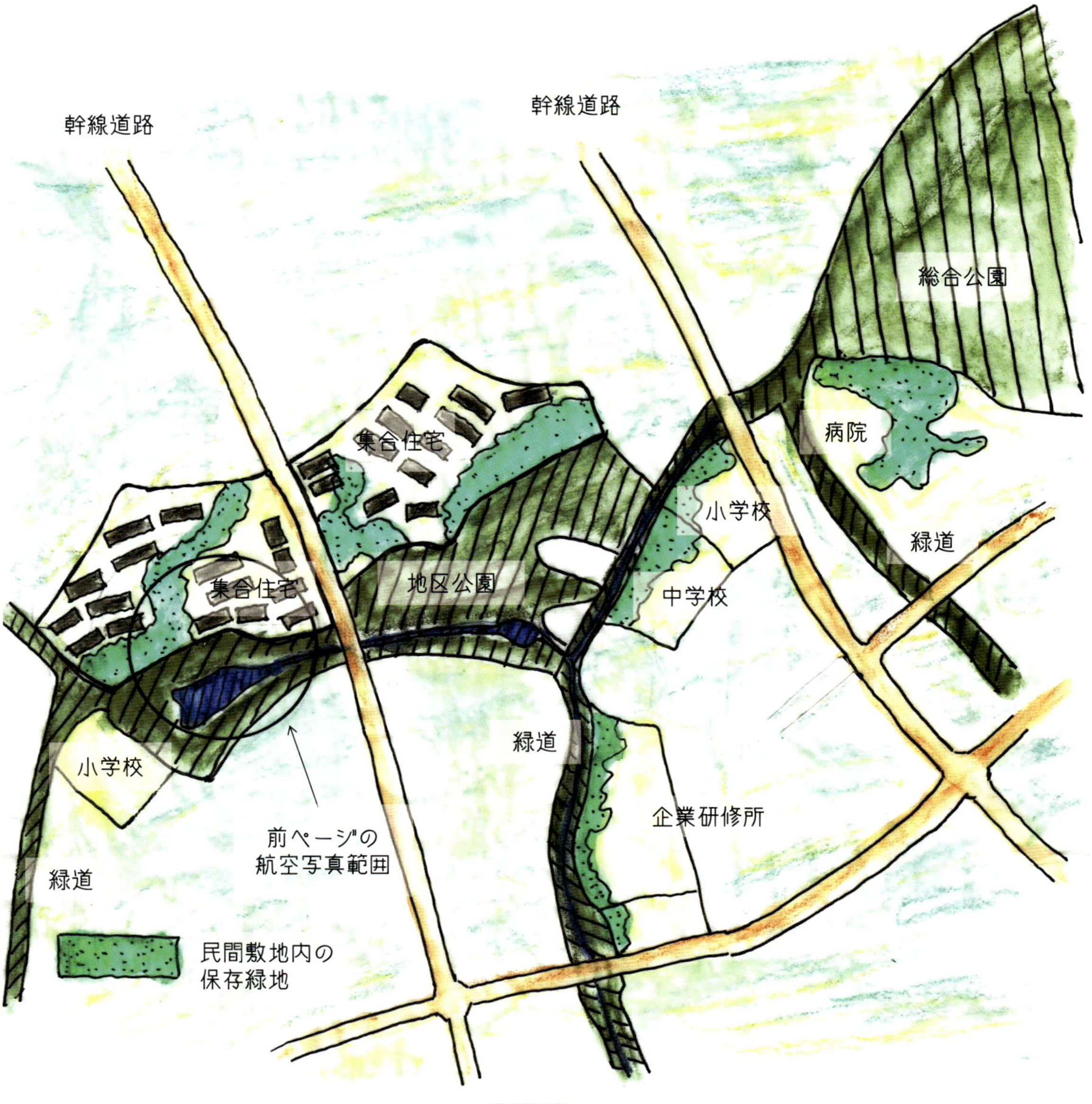

グリーンマトリックスの平面図・断面図

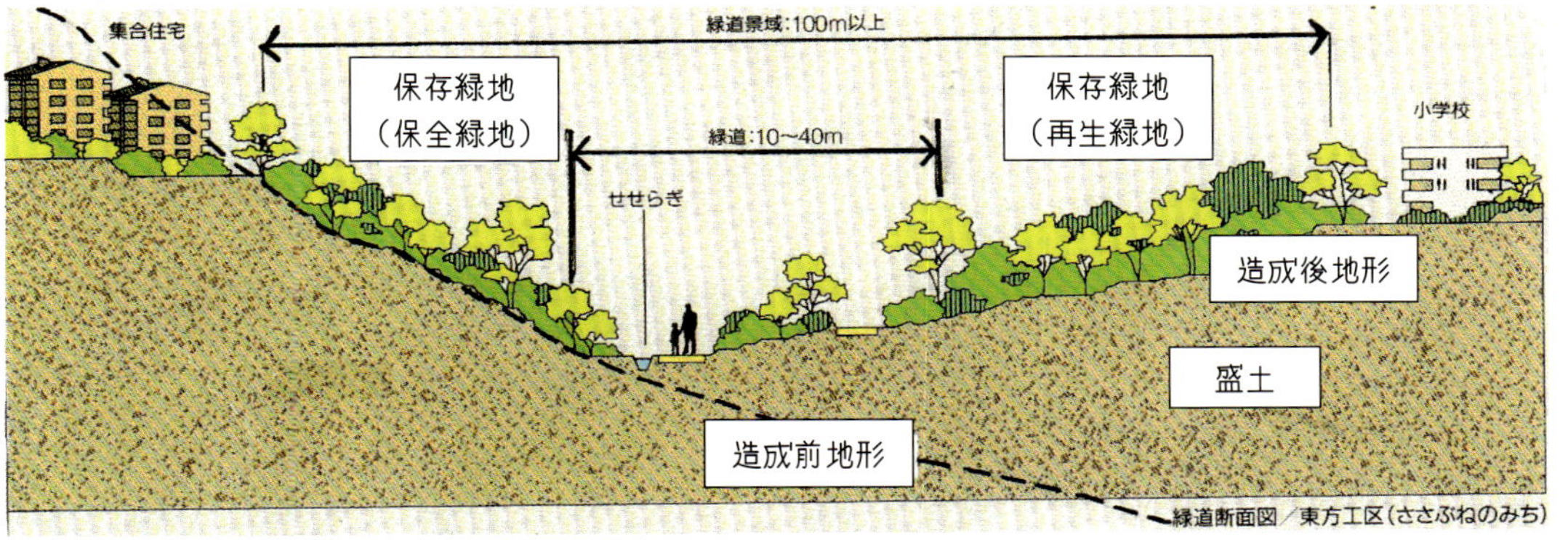

緑道断面図／東方工区（ささぶねのみち）

出典：港北ニュータウン・公園と緑道の計画、住宅都市整備公団港北開発局、1989.

丘陵地開発における自然環境保全計画

丘陵地の開発

日本のニュータウン事業は、欧米の平野に展開したニュータウン開発と異なり、大都市近郊の丘陵地を造成した上で、宅地を供給する必要があった。こうした造成事業のなかで、地域の自然を保全・復元するために、自然環境の保全復元方策の検討・模索がなされた。自然環境の保全復元のための方策検討手順は、①自然環境調査、②自然環境の保全復元計画、③環境土工となる。

地域の自然を生かした開発のために、丘陵地の自然環境調査を事前に実施した上で、「自然環境の保全復元計画」を立案して、造成工事に環境保全対策をあらかじめ組み込んでおく必要がある。

自然環境の保全復元計画

開発行為で地形改変するなかで、「保全される自然空間」、「復元される自然空間」、「都市的な半自然空間（河川・公園・緑地・道路の街路樹空間等）」を土地利用空間と連動した空間として、こうした空間を連続的に繋げる「自然環境の保全復元計画」を策定する。

自然環境調査

自然環境の保全復元のための主要な調査は、以下の項目である。

❖植生調査

土地利用計画、造成計画策定において、現況植生の保全と利用のために、地域の植生を調べる(特に、大木・貴重木を確認する)。

❖表土調査

造成前に地域の植生復元のため、良好な表土をストックしておくために、土壌図等の資料を参考として土壌のサンプリング調査を行い、表土分布範囲と堆積層を調べる。

❖水系・水脈等調査

開発地区及び地域の水系・水脈・谷密度等を調査し、地域の水循環環境と造成工事により河川等の水環境への影響を予測する。

❖動物生態調査

地域に生息する注目すべき種については、その生態と地形・植生・水系等の自然条件との関連を調べる。

丘陵開発における造成計画と環境土工計画との整合フロー

丘陵地開発における事前自然環境調査をふまえた、土地利用計画に基づく、造成計画と環境土工計画を整合させるフローを以下に示す。

事前調査

インフラ関係調査

社会条件調査

自然環境調査

開発目標の設定

土地利用計画

交通計画

（幹線道路計画等）

地域の環境計画

自然環境の保全復元計画

環境共生計画

景観形成計画

造成計画 ⇔ 環境土工計画

造成計画

- 排水計画
- 供給施設計画
- 住宅供給計画
- 導入施設計画

住宅地・スーパーブロック計画

- 住区計画（一般住宅計画）
- 集合住宅用地計画
- 共同住宅計画
- 誘致施設用地計画
- センター計画（商業・業務用地計画）
- 公益的施設用地計画
- 教育施設用地計画
- 宗教施設用地計画
- 共同墓地計画
- 集合農地計画

環境土工計画

- ランドスケープ計画

（地区の緑・水・道の基幹空間計画）

オープンスペース計画

- 地域の水系計画

（河川・調整池・せせらぎ）
- 公園・緑地計画
- 道路の街路樹計画
- 歩行者空間計画
- 宅地の緑化計画

景観形成計画

- 地域の景観形成ガイドライン作成

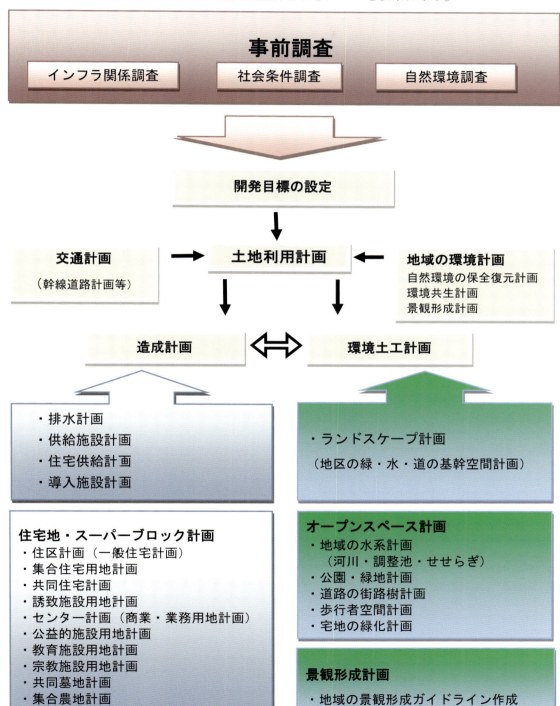

環境土工（造成工事における環境保全技術）

環境土工

開発行為において、「自然環境の保全・復元計画」に策定された項目については、切土・盛土工事の中にこれらの工種を盛り込み実施する。それは「大木・貴重木の移植」「表土の保全」「水環境の保全」が主要な項目である。なお、「水環境の保全」の項目については、湧水保全、造成工事による保水層分断への措置、盛土工事の圧密促進のためのドレーン管設置を新たな地下水脈として利用検討すること等が挙げられる。

都市計画法第三三条九には、「開発行為における植物の生育の確保上必要な樹木の保存、表土の保全その他の必要な処置が講じられるように設計が定められていること」と定めている。

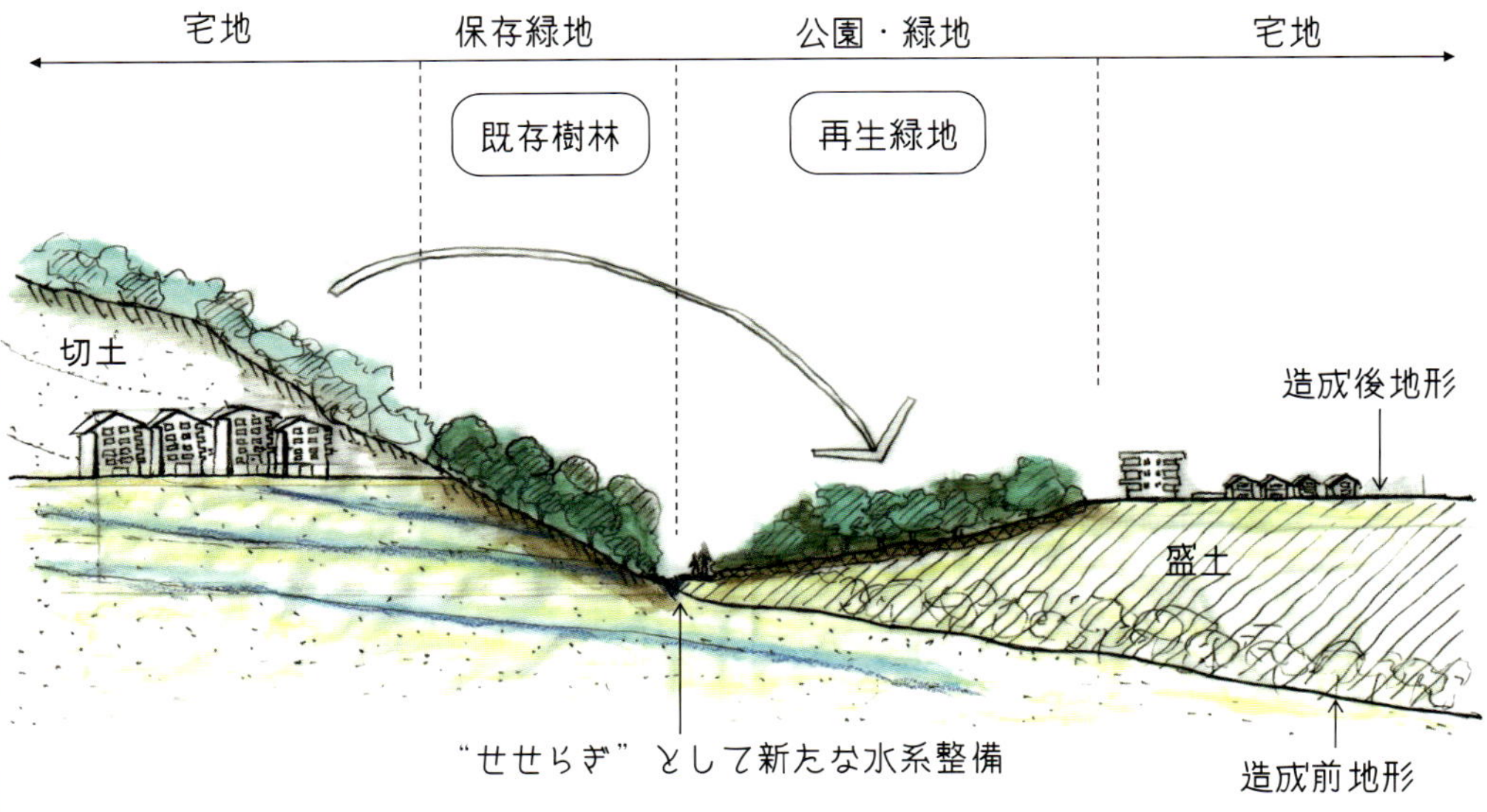

表土保全計画

厚さ一ミリメートルの土ができるのには数千年の歳月が必要とされると言われている。自然林の表土には、その地域の植生の長い歴史がストックされている。

開発地区の表土分布範囲と堆積厚の調査で地区の表土ボリュームを把握した上で、造成後に、公園緑地や道路の街路樹帯等に利用される表土量を算出して、切土・盛土工事の前に、「表土はぎ工事」を実施する。なお、対象工事において、表土の表土堆積厚が薄く、必要土量が得られない時は、A_0層だけではなく、A_1層までの利用を考慮することも必要である。

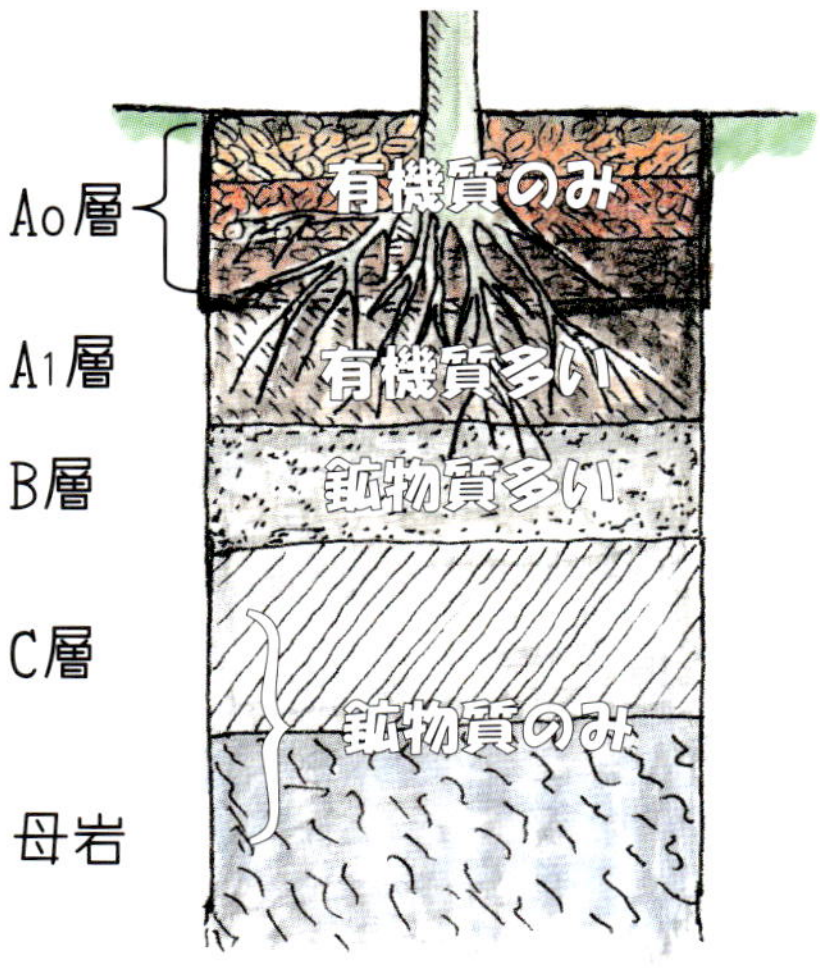

土壌の層構造

大木・貴重木の移植

樹木の移植工法には、日本の伝統技術として、「**根回し工法**」がある。根回し工法は、造成工事着手の最低一年前からの措置が必要である。

「**重機移植工法**」は、重機が動かせる地形的条件と、移植樹木数量とのコストバランスで採用が判断される。

また、造成工事で伐採・破棄されるいわゆる雑木利用としては、「**根株移植工法**」が挙げられる。根株移植工法は、土木工事で使用する重機・運搬車で処理されるために、きわめて安易な工法であるが、活着率の不確実さや移植後の剪定等の生育管理が必要となる。

樹木移植の工事時期には、移植先の公園緑地予定地の造成基盤が完了していることが必要である。このために造成工事の工事展開における、詳細工程の検討が必要となる。

右：重機移植工法（千葉ニュータウン）

左：根株移植工法（八王子ニュータウン）

表土保全工事を実際に進めるには、表土のストックヤードの確保が必要となり、このことを造成工事展開計画に織り込んでおく必要がある。

表土採取（多摩ニュータウン）

都市の高度利用によるオープンスペースの創出

建築物の高層化とオープンスペースの創出

フランスの高名な建築家であるル・コルビジェは、その著書『輝ける都市』のなかで、石積や煉瓦積の材料からなる中世の密集市街地が、鉄やコンクリートの近代建築材料の出現により、建物の高層化が可能となり、都心部においても地上にオープンスペースの創出ができ、「緑豊かで太陽が降り注ぐ都市」が可能となったと説いた。

大都市の都心部では、土地買収費が高額となるために、公共による大規模な公園・緑地整備は困難な現状にある。東京の都心部においては、建物の超高層化により、「都心の生活環境の改善」「都市の防災機能の向上」という目的を持って、民間開発による土地の高度利用により、都心に大規模なオープンスペースが生みだされている。

こうした大規模再開発において、高さが三〇〇メートルを超え、五〇階を超える超高層ビルの建築空間と取り合う、オープンスペースとの空間バランスのあり方は、ランドスケープの新たな課題となっている。再開発により創出された都心の貴重な空間は、①樹木の生長限界を考慮した建物と緑空間バランスへの配慮、②だれでも利用可能なヒューマンス

緑を軸とした
品川グランドコモンズ

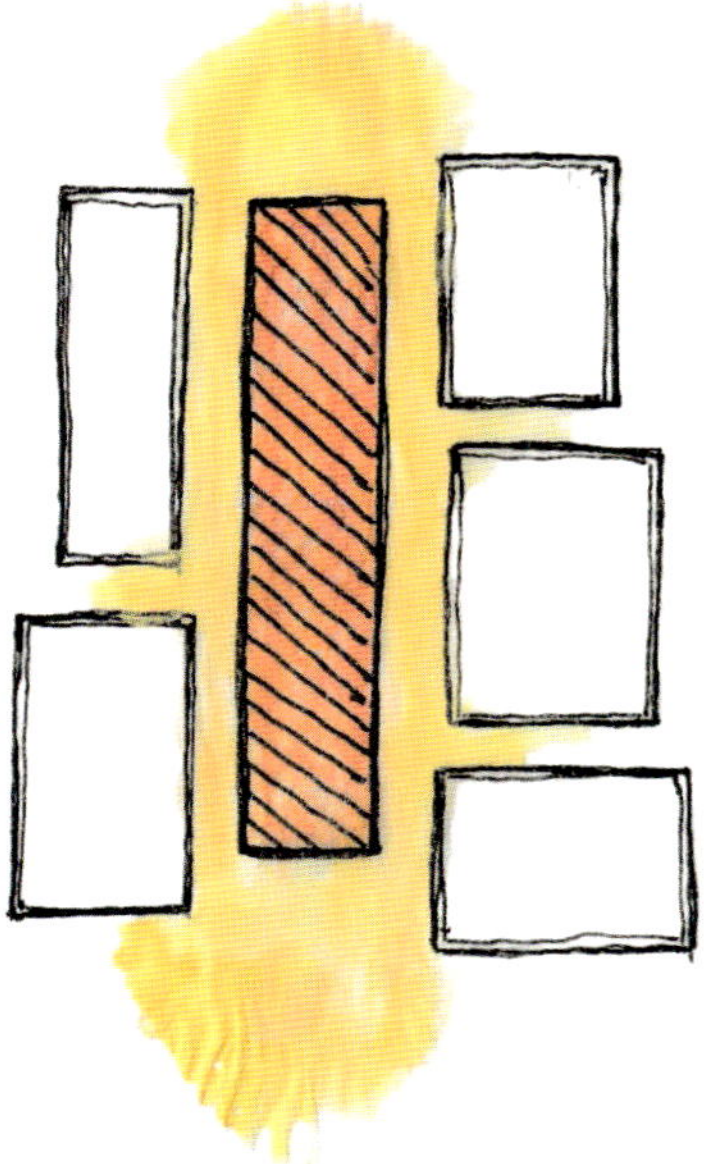

広場を核とした
恵比寿ガーデンプレイス

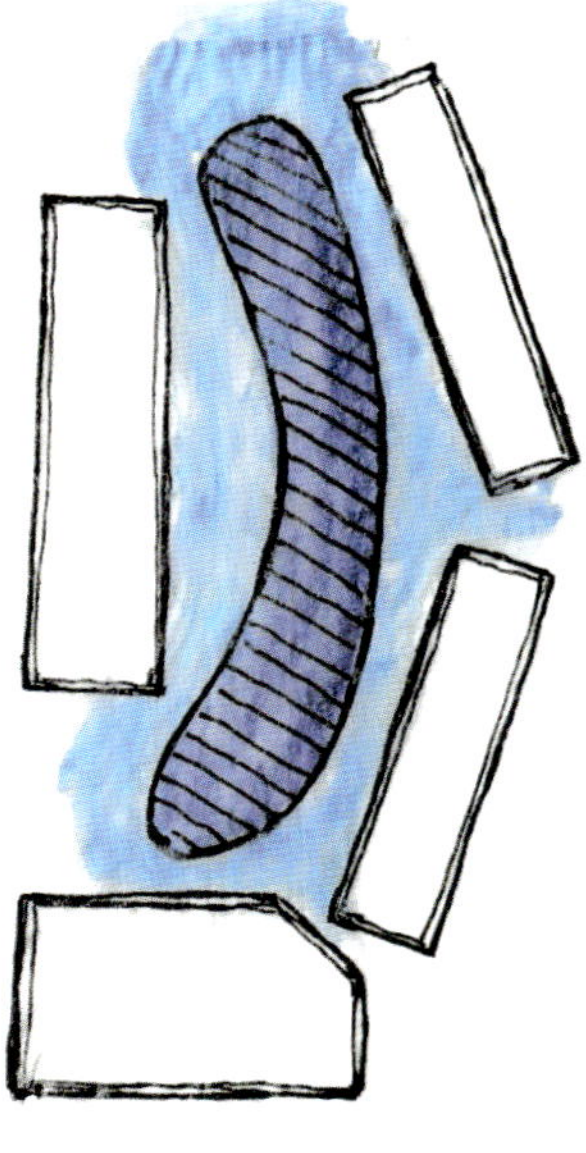

水系を軸とした
博多キャナルシティ

ケールの広場整備、③多雨国の日本の現状を考慮した屋外空間整備、④人体スケールをはるかに超えた超高層建築物内空間だからこそ、歩いて楽しめる歩行者空間整備等、の視点が必要である。

上：品川グランドコモンズ

緑空間を基軸として超高層ビルを配置し、建築ボリュームに対して面的な緑量を確保している。

中：恵比寿ガーデンプレイス

広場を地区の基軸として、商業・業務・住宅の建築棟が配置されている。

左：博多キャナルシティ

商業施設・博多キャナルシティは、水系を基軸として、建物は「かぶきの色」を基調として、独特の“和の景観”を演出している。

超高層ビル再開発の外部空間

都市広場の創出　再開発で生みだされた都市的な広場。【新宿アイランドビル】

都市広場を覆うオープンガレリア

多雨国の日本において、雨の日も利用可能でなおかつ屋外の開放感を感じられるオープンガレリア。

【右：恵比寿ガーデンプレイス】
【下右：六本木ヒルズ】

樹木のスケールに適合したオープンガレリアが超高層ビルと緑空間との調和を演出している。【下左：東京ミッドタウン】

都心部での緑空間の創出

再開発によって保存された大樹が、超高層ビルに独自の品位を与えている。

【左上：六本木ヒルズ】

超高層ビルを繋ぐペデデッキ

人のスケールを超えた巨大建築群のなかだからこそ、歩行者空間にはヒューマンスケールのデザインが求められる。

【左：品川グランドコモンズ】

建物とペデデッキとの構造物どうしが取合う部分は、緑で固める必要がある。

【下：グランフロント大阪】

生物多様性の都市（都市のエコロジカルネットワーク）

環境共生都市

日本は豊かな四季の変化があり、南北三、〇〇〇キロメートルの長い国土と海岸線総延長は約三五、〇〇〇キロメートルに及ぶことから、生物多様性に富んだ国である。都市や街なかの身近な空間に、生物とふれあう機会を多く整えることは、人の感性を豊かにすることに繋がる。特に、子供達の情操教育においては、生物とふれあう機会を多くすることは重要である。このためには、山や海から、生物が都市の中へ深く入り込める、生物の移動経路が繋がった連続空間（エコロジカルネットワーク）が必要である。こうした移動経路においては、生物の移動を妨げないような施設整備が必要である。

都市や地域に、「緑や水で繋がっているネットワーク」が形成されることで、都市のなかでの生物多様性が保全され、こうしたネットワークが環境共生都市の基軸となる。

現地における環境教育のデスプレイ

人々に地域の生物相を理解させるために、現地における説明看板や教育施設（ビジターセンター）は重要である。子供達にも理解可能なイラスト等によるデスプレイが必要である 。

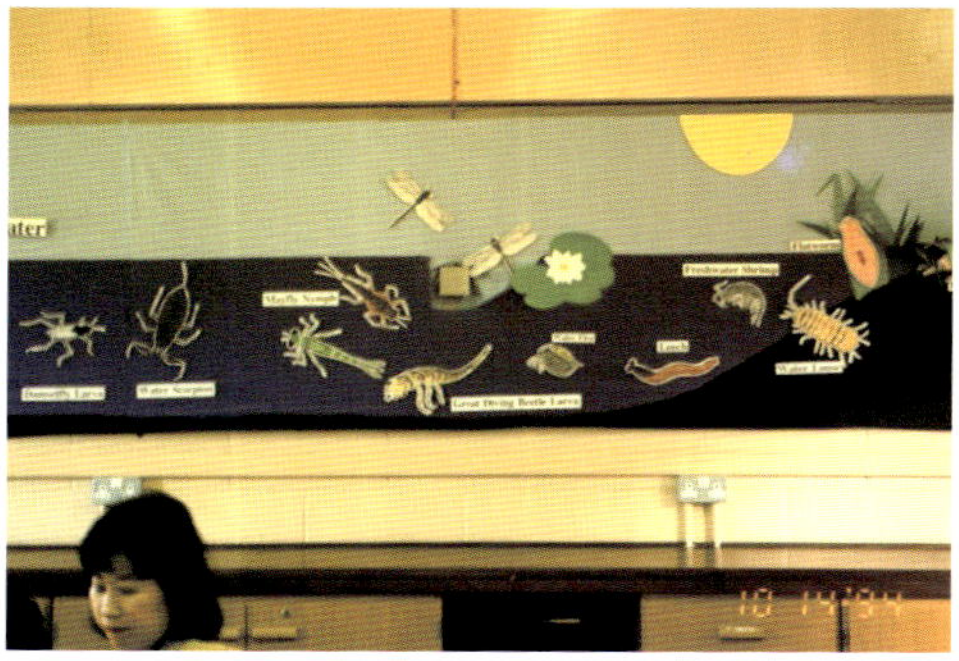

ka/Kamome/Amenbo/Tsubame/Shika/Kamome/Amenbo/Tsubame/Shika/Kamome/Amenbo/Tsubame/Am

生物とふれあえる身近な空間

都市のエコロジカルネットワーク

都市内に緑地や水辺空間を創出することにより、都市後背地の樹林地や農地と、海までを繋ぐ緑や水の連続空間を形成することが重要である。

こうした空間を通じて、山間部や海の生物が、都市の奥深くまで侵入・生息することが可能となる。こうした生物生息を考慮した都市のエコロジカルネットワークを形成する必要がある。

都市内で多様な生物が生息しやすい環境は、人にとっても住みやすい都市であり、人と生物が触れ合える空間は、人に「生物としての人間環境の必要性」を認識させる。

都市・地域の自然環境の連続空間概念図

都市内に生物が移動し生息を可能とする装置を設置する

ダムに併設された魚道

保存林内の多孔質空間である間伐材のストックヤード

Shika/Kamome/Amenbo/Tsubame/Shika/Kamome/Amenbo/Tsubame/Shika/Kamome/Aenbo/Tsubame/Sh

二之二　日本の都市景観のミスマッチ

日本の歴史的転換期である明治維新より、今日までに約一五〇年が経ている。明治維新を機に、「和の国」に洋の文化・技術が導入されてきたなかで、日本は概ね「和洋の融合」を巧く計ってきたと思える。しかし、ランドスケープデザインの分野では、幾つかの景観やデザインのミスマッチが生じている。その結果、日本人の心に馴染まない、ちぐはぐな都市景観が生じているケースがある。そのようなケースの多くは、江戸時代までに培った日本の文化・感性と、明治維新から導入された欧米文化との「和洋の混乱」にある。さらには、日本の伝統的な空間構成が「都市的スケールで表現されていない」ことに起因し、発生すると考えられる。

日本の自然条件・自然観と欧米の自然条件・自然観との差異による空間表現のミスマッチ

この原因の主たる要因は、都市のオープンスペースの整備において、日本の気候・風土にそぐわない欧米のデザインを、安易に導入した事によるものである。城下町の伝統的な日本建築の街並みに、近代的な街路整備をする際に、道路の幅を広げた後に、外来種の街路樹を均一間隔で植栽していることはよくある事例である。

日本の気候、風土は欧米諸国とは大きく異なる。欧米先進国の都市整備事例を良しとして、そのままの形態で屋外空間整備に適用している事例は多い。日本の自然条件・自然観の認識の欠如が空間デザインの混乱も招いている。建築敷地での緑地整備や、多雨国での親水施設整備については、日本の緑や水環境への十分な理解が必要である。

都市的スケールの中での空間表現

明治維新後の日本の都市における建築物の巨大化、また自動車交通に対応した道路形態の都市スケール拡大により、日本の伝統的な空間表現とのスケールの違いによるミスマッチが生じている。古来日本人が、日本庭園等で具現化してきた自然へのすぐれた感性が、現代の都市的スケールにおいて、巧く空間表現出来ていないことである。日本庭園の手法を、庭園のスケール感そのままで現代都市に導入しようとすれば、当然に空間にミスマッチを生じる。

都市における建築空間と緑空間との空間構成は、近代建築のスケールと緑の質と量のバランスにおいても不自然な景観を生じている。

道路の歩行者空間においては、人間の生物としての人体寸法や人間の感性を考慮した、ヒューマンスケールのデザインがなされていない事例がある。また、人の視覚や人の歩くスピードを考慮した区間構成が必要とされる。人が歩きながら安らぎを覚えることが可能な、歩行空間デザインが求められている。

〈和と洋のミスマッチ〉

日本の城下町の山と緑

日本の伝統的な街の緑は、見通せる周辺の山の緑と、武家屋敷や町屋の庭から道にはみ出す緑とで構成されていた。

城下町の街路整備による街路樹

城下町のメインストリートの道路拡幅において、建物は「和の建築デザイン」協定で建替えられたが、街路樹は外来種が植栽された。これは建築景観を阻害するだけでは無く、和と洋の混乱した光景が生じている。

〈周辺環境とのミスマッチ〉

歩行者空間の“山あて”

歩行者専用道路内に樹木は植栽せず、前面の山を見せることで安らかな道空間を生み出している。

景観を阻害している緑

歩行者専用道路の前面に山が見えるが、樹木植栽が山への視線を妨げ、なおかつ狭い道空間をより窮屈な空間としている。

〈自然条件のミスマッチ〉

日本の河川の親水整備

日本はヨーロッパ諸国の約３倍の降水量があり、渇水期と豊水期との雨量の変化が大きいために、川の水位は大きく変化する。このために、都市河川の水辺プロムナードは石材やコンクリートで固めざるを得ない。

ロンドンの河川の親水整備

年間降水量が少なく、月間降水量の変動も大きくないヨーロッパの河川の水辺プロムナードは、水面近くの木製デッキの整備が可能となる。しかし、日本で同様の処置をすると、幼児達には急激な増水に伴った危険にさらすこととなる。

〈緑の質のミスマッチ〉

日本の伝統的な建築と緑

水平的な日本の建築様式とこんもりとした常緑広葉樹との取り合い。

城下町の街路樹

古い日本建築が並ぶ地方都市の古都でも、水平的かつ均一なイチョウの街路樹が植えられている。

〈スケール感のミスマッチ〉

都市的スケールの舗装デザイン

人を包み込むような大柄の舗装模様のデザインは、都市的スケールで“都市の地”として馴染んでいる。

舗装材の模様と色彩のスケールミス

小舗石単位でのカラフルな舗装模様は、人と街に馴染むのでは無く、舗装のみが浮き上っている。

第三章

和のランドスケープの確立

三之一　和のランドスケープの意義と必要性

日本の社会は人口減少と超高齢化社会を迎えて、人々の生活の器である都市にも構造的変化が求められている。そのためにも、これからの日本の都市再編について、様々な分野から指し示す必要がある。これからの超高齢化社会に対応した「人に優しい都市」、原子力エネルギーに頼らない環境負荷の少ない「環境共生都市」及び、交流人口を増加させる「交流観光都市」を実現させるための手段として、都市のランドスケープ計画は、これまで以上に重要である。日本の気候・風土条件の上に立地する日本の都市の独自性、あるいは、地域の個性を表現する都市整備手法として、「和のランドスケープ」を追求し、その手法を確立することが必要である。

三之二　日本の自然・気候・風土の再認識

日本のランドスケープ計画を考えるに当たっては、日本の地形・自然・気候の状況を十分に認識する必要がある。現代において、近代建築物や土木構造物は、世界中のどの都市においても、その形態が大きく異なる事は無い。しかし、都市の緑や水のオープンスペースの空間はその地域の自然条件下で成り立ち、各地域の独自性を表現する。日本の地形・自然・気候は世界の先進国の中でも独特の特徴を持っている。このことを認識することが、和のランドスケープ・プランニングの基本である。

日本の地形

日本列島は南北に細長く、周囲を海に囲まれているために、日本の各都市の山・海・川の位置する方位は全国一律では無い。このために、日本の各都市は東西南北に海・山・川の位置が異なり、川の流れの方向も変わってくる。各都市の海・山・川の方位と位置が各都市の自然条件を位置づけている。この結果、各都市の景色・風土はそれぞれに異なってくる。都市における、海・山・川等の周辺地形の位置と方位を認識する事は、都市のランドスケープ計画立案のスタートである。

日本の気候

日本の気候帯は、温帯モンスーン地帯に属している。その気候の特色は、他の先進国に比して、①温暖な気候　②年間の降雨量が多い、という特徴が挙げられる。この気候条件が、水系が豊富で緑が濃い、多様な自然の風土を生みだしている。

日本の植生

他の先進国よりも、周囲が海に囲まれ、「温暖で、雨が多い山の国」であることが、豊かな生物相を生み出している。

太陽の動き

太陽は全ての生命の源である。この太陽の動きと日本の都市計画との関係は、古来より密接な関係があった。太陽は東から昇り、西に沈むために、日本は都市ごとの地形の相違により、夕日の光景もそれぞれに異なっている。

山

日本の国土は、山岳地形で、国土の約七割が森林で覆われている。そのために、日本のどの都市からも深い緑の山が望める。日本人にとっては、山はただの緑の塊では無く、精神的な拠り所ともなっている。日本の都市景観は、山との関係を抜きにしては語れない。かつて、大和朝廷が成立し、日本で初めて都市形態が発祥した大和地域を、倭健命（やまとたけるのみこと）は、「倭は国のまほろば　たたなづく山青垣　山隠れる　倭しうるわし」と詠んでいる。

水

降雨の多さと山から海までの急峻な地形は、私達の国土に多様な水系の変化を示している。松尾芭蕉の「五月雨を集めてはやし最上川」の句は、日本の河川の持つ自然変化の象徴性を的確に表現している。急峻な形態で、なおかつ豊水期と渇水期との河川の水位の変化が著しいことが、日本の河川の特徴である。日本の水環境を理解し、地域の水系を見据えたランドスケープ計画が必要である。

都市の海へのビスタ

日本は四方が海に囲まれ、日本の都市の多くが沖積平野に立地している。近代化により都市の拡大や、臨海工業地帯及び湾港施設の増設のために、沖は埋め立てられ、海を望める事が無くなっている。都市が海への視点を取り戻すことが重要である。

三之三　和のランドスケープの確立

和の空間概念

日本人は、人工の造形物で固められた都市的空間のなかでは、心の安らぎは感じない。しかし、山の自然のみに常時いる事も、日本人が望む空間では無い。人工的な街や都市と、海・山や川の自然的環境が融合した空間こそが、日本人が最も安らかさを感じる空間と考える。「人と自然との絡み合い」「建物や道路空間と自然空間との絡み合い」の姿が、私達が目指すべき日本の美しい空間である。それは、たとえば、「植木鉢が並ぶ路地」であり、「茶室と庭園」であり、京都の「哲学の道」のような街と山の間にある道空間である。また、より都市的スケールでは、「緑深い都市的な表参道」のような空間である。こうした「都市と自然が融合した空間」を都市の中に創りだす手法が本書の『和のランドスケープ』の概念である。

福岡市・大濠公園の計画

福岡市大濠公園は、昭和２年のアジア勧業博覧会に合わせて、福岡城外堀の湿地を整備したものであり、中国の西湖を摸した広い水面の大胆なデザインだけでは無く、公園周辺の住宅地も一体開発されたことが特筆される。この周辺住宅地の売却費で公園整備費がまかなわれ、当住宅地は福岡を代表する高級住宅地となっている。

和のランドスケープの概念図

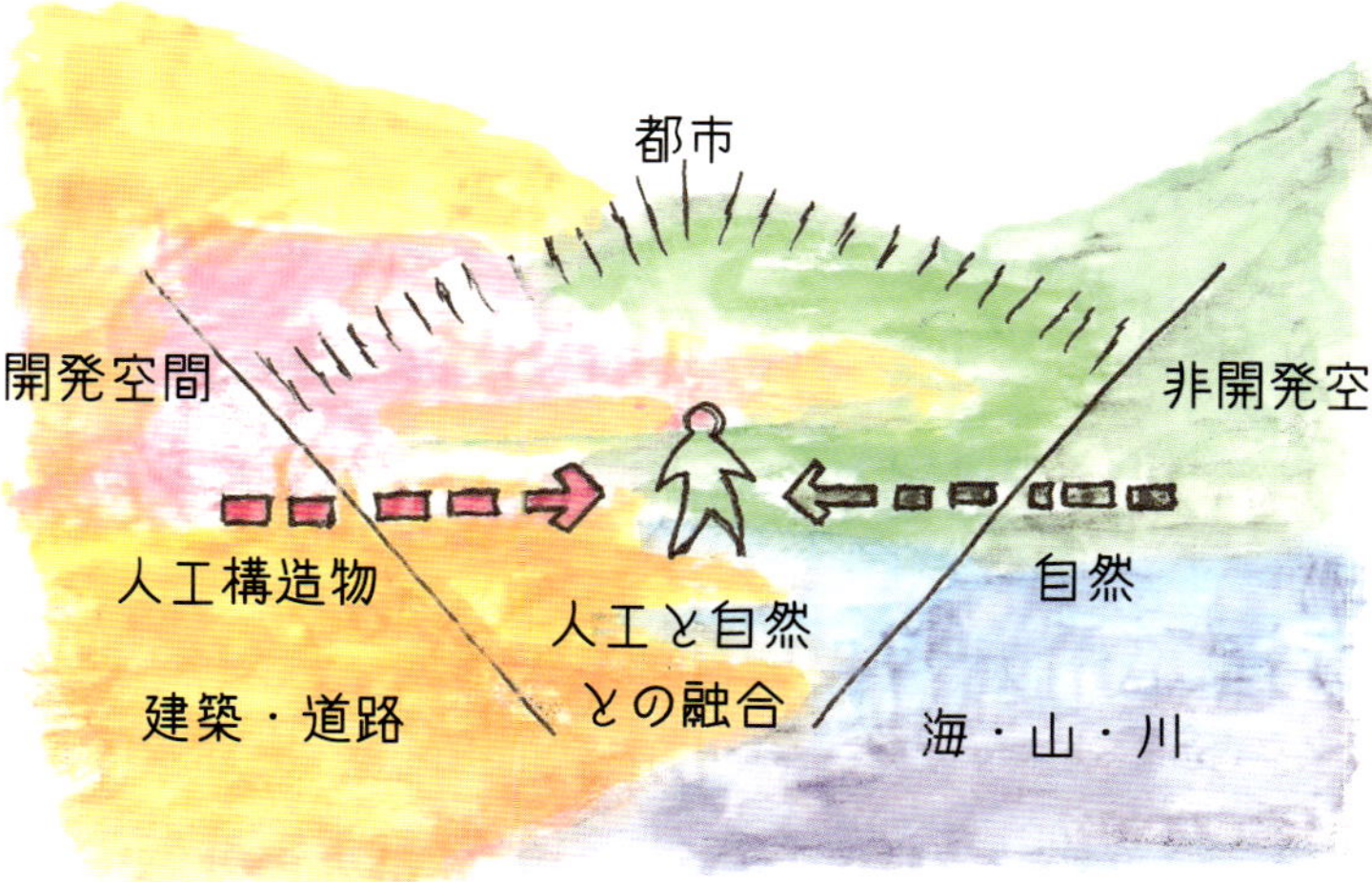

和のランドスケープの細部デザイン

和のランドスケープデザインは、細部のデザインまできちんと納めて完結する。建築設計の言葉に、「デティールに神宿る」という言葉があり、茶道の作法美も、細部へのこだわりの集合で成り立っている。日本の絵画、工芸品においても、日本人は全体のデザインと同時に、細部デザインにも細心の注意を払ってきた。細部の美しさも伴って日本の美は完成する。現在の都市デザインにおいては、この細部デザインが幼稚であり、その幼稚さが都市的スケールで拡大している空間が見られる。全体から細部のデザインまでが完結して、日本人の美の感性も完結する。

写真左上：大濠公園の親水設計

親水公園としての成功は、水辺に柵を設置していないために、水面に対する人の視線を妨げていないことが大きい。

写真左下：大濠公園の水辺の安全処理

児童等が水面に落ちた時の安全処理としては、護岸沿いの水面下に玉石で固めた水中棚がある。この多孔質空間は生物生息上も有効であり、このために大濠公園は人工湖でありながらも、驚くほどに生物相が豊かである。

和のランドスケープ・プランニングの背景

日本の緯度・地形

ヨーロッパの先進国は、日本の北海道より北の緯度に位置している。このために、ヨーロッパの先進国は寒冷な気候であるが、日本は温帯モンスーン地帯に属して、温暖な気候である。さらに、日本は国土の約七割が森林という世界有数の森林国でもある。このことが、ヨーロッパ諸国とは異なる、「温暖な森林国」という日本の自然の骨格を形成している。

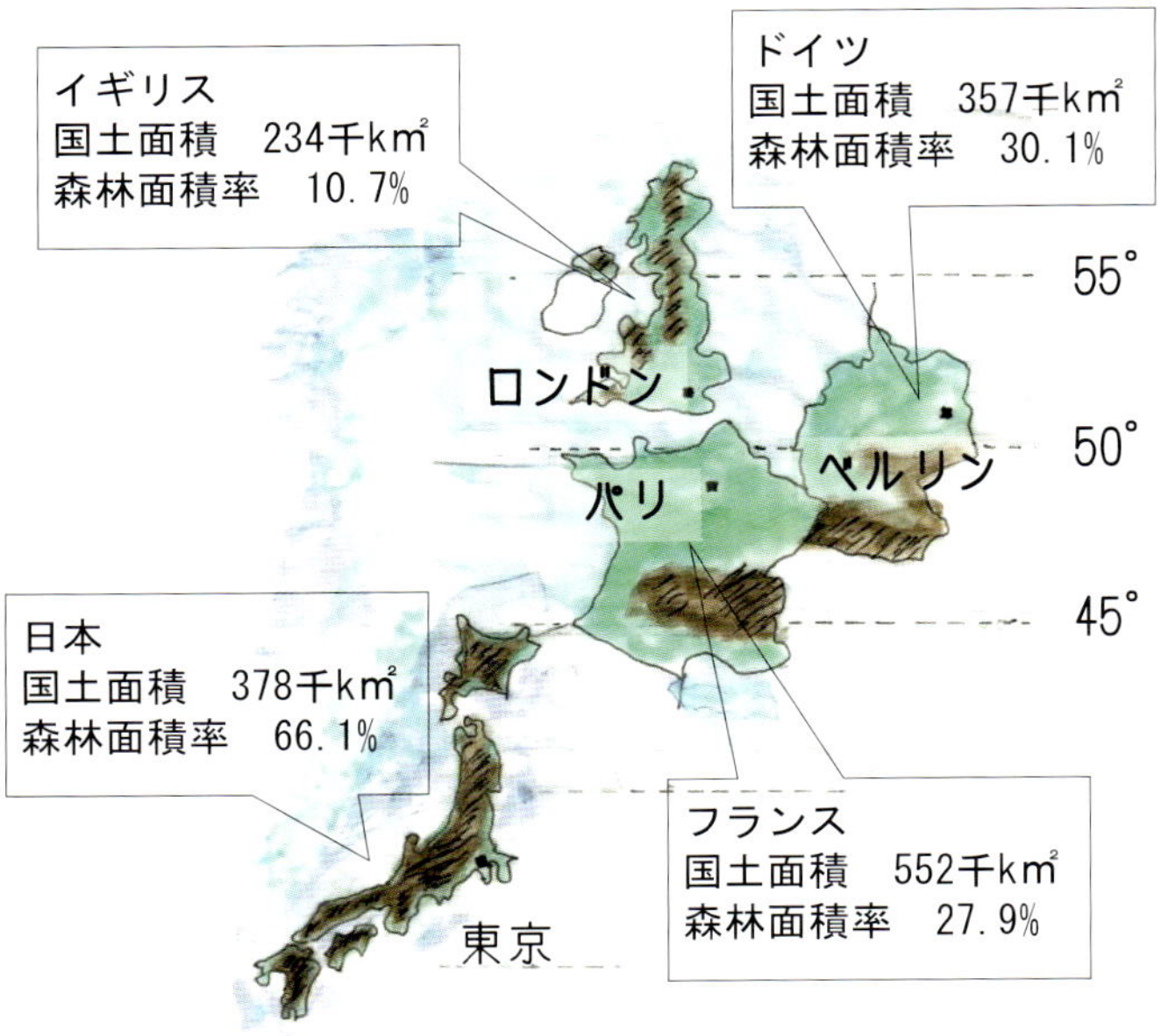

欧米先進国と日本との緯度及び地形の比較図

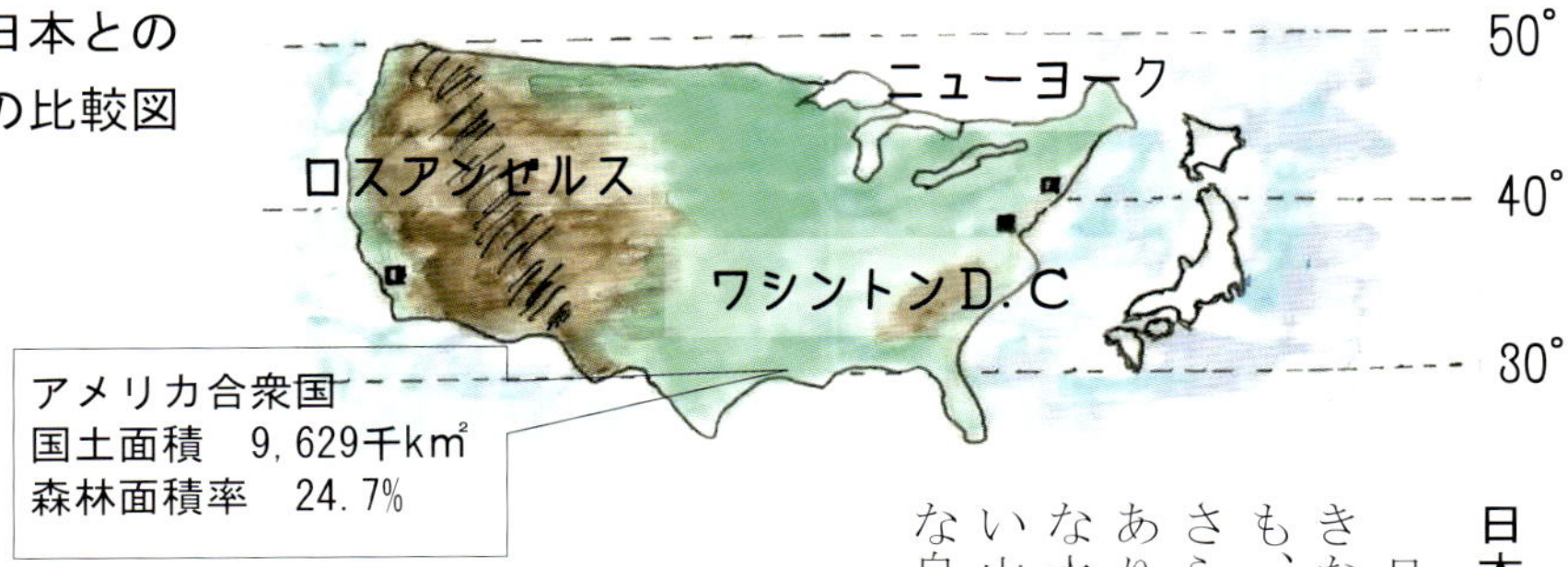

日本の気候

日本の気候は、世界の主要先進国のなかでも大きな特徴を持っている。それは、他の先進国よりも、温暖な気候で年間降雨量の多いことである。さらに、国土が山岳地形でそのほとんどが森林であり、河川の形態が急峻であることにより、豊かな水景を生み出している。この「温暖で、雨が多い山の国」であることが、水が豊富で緑濃い豊かな自然の風土を生みだしている。

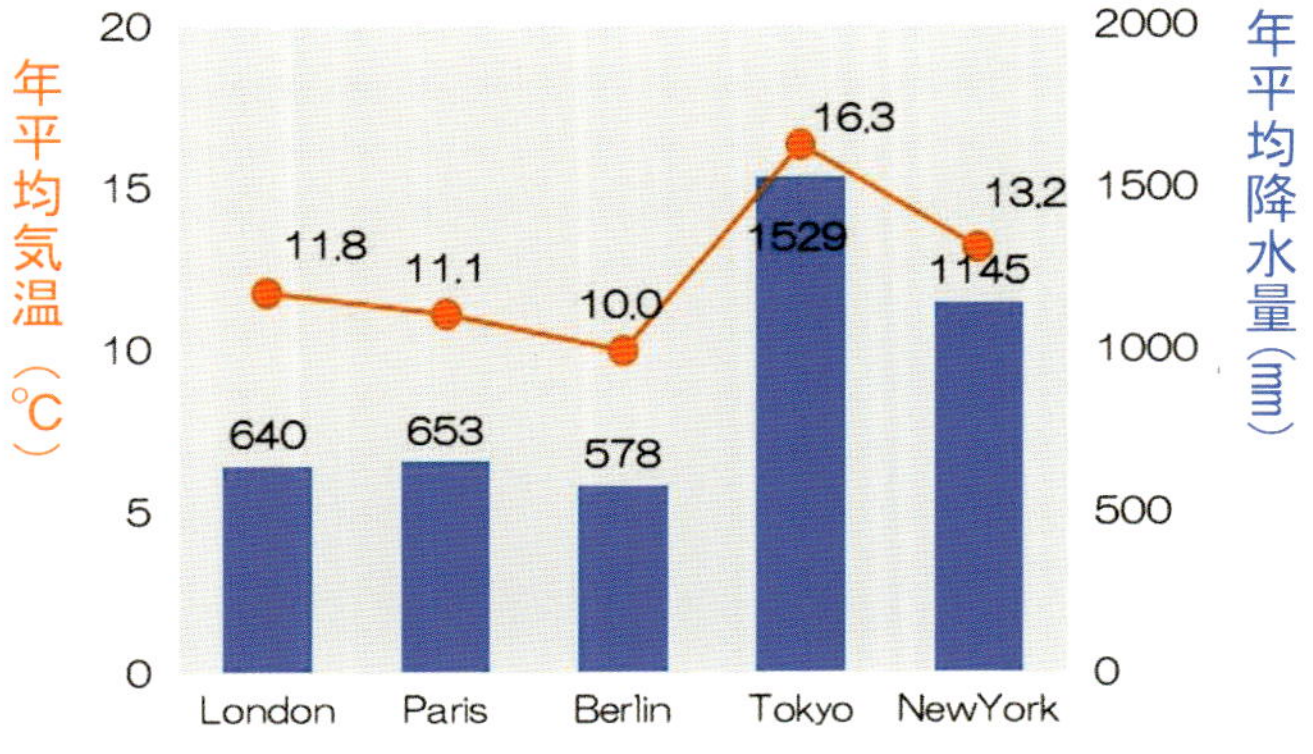

世界主要先進国の年平均気温と年平均降水量（1981年から2010年の平均、平成25年理科年表より）

日本の自然

世界の気候区の区分では、日本は「温帯常緑広葉樹林帯」に属している。日本は世界でも恵まれた特有の気候・自然下にある。春夏秋冬というはっきりした四季がある国は世界でも珍しい。このため、日本には多彩な自然が存在し、生物種の多様性に富んだ国でもある。発見された動植物だけでも九万種以上あり、実際は三〇万種と推定されている。そして、日本の植物種は三四、二〇〇種と言われている。

ロンドン・リーゼントパークの紅葉

欧米の紅葉は黄葉が中心であり、日本のような色彩の多様さは無い。

日本の植物相の多様さ、日本の紅葉のすばらしさ

福岡市・大濠公園の紅葉

日本の紅葉は、深い常緑樹の緑を背景として、“錦” に例えられるような紅葉する木の種類が多く、世界でも独特の紅葉の美しさである。

都市の方位と太陽の動き

唐の長安や、その影響を受けた日本の平城京・平安京は、東西南北の条坊街路割による方形の都市形状をしていた。アジアの古代の都市配置において、太陽の動きに伴う方位は大きな意味を持っていた。これに対して、ヨーロッパの都市は、教会や広場を核とした放射状街路網の都市形状であった。アジアでは、天体の動きが都市形状にも影響を与えてきたのである。

日本の都市計画は、平安期以降は、東西南北の条坊街路割の道路形態を原則としながらも、都市周辺の海・川・山の自然景観を都市と融合させていった。その都市方位の中で、唯一、西側の「夕陽の光景」のみが都市空間構造として現在に残っている。太陽は、春分と秋分に真西に沈み、夏至は北へ、冬至は南に最も近づく。日本では仏教の西方浄土の影響もあり、都市の寺院空間に西の夕陽景色を織り込んできた。

奈良・今井寺内町の東西南北の配置図

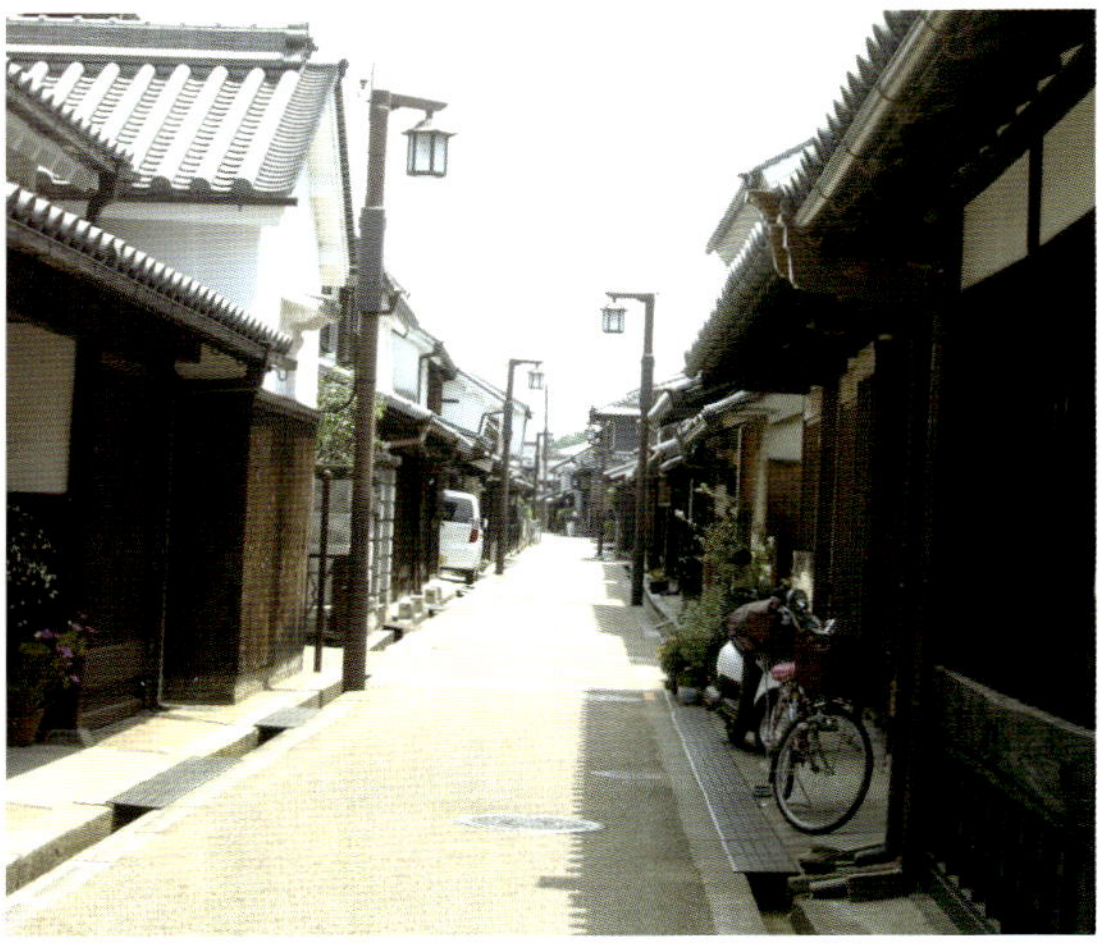
奈良・今井寺内町の南北軸道路と街なみ

太陽の動きと道路の方位

太陽は東から昇り西に沈むために、都市においては、東西軸の道路と南北軸の道路では、太陽エネルギーを受ける量は大きく異なる。特に現代の都市では、道路沿道に建つビルの日影によって、南北軸道路のほうが日射量は少なくなる。歩行者専用道路や緑道等の歩行者のための道空間を新規計画する時には、東西軸道路は“夕ばえの道”となることを考慮しておく必要がある。

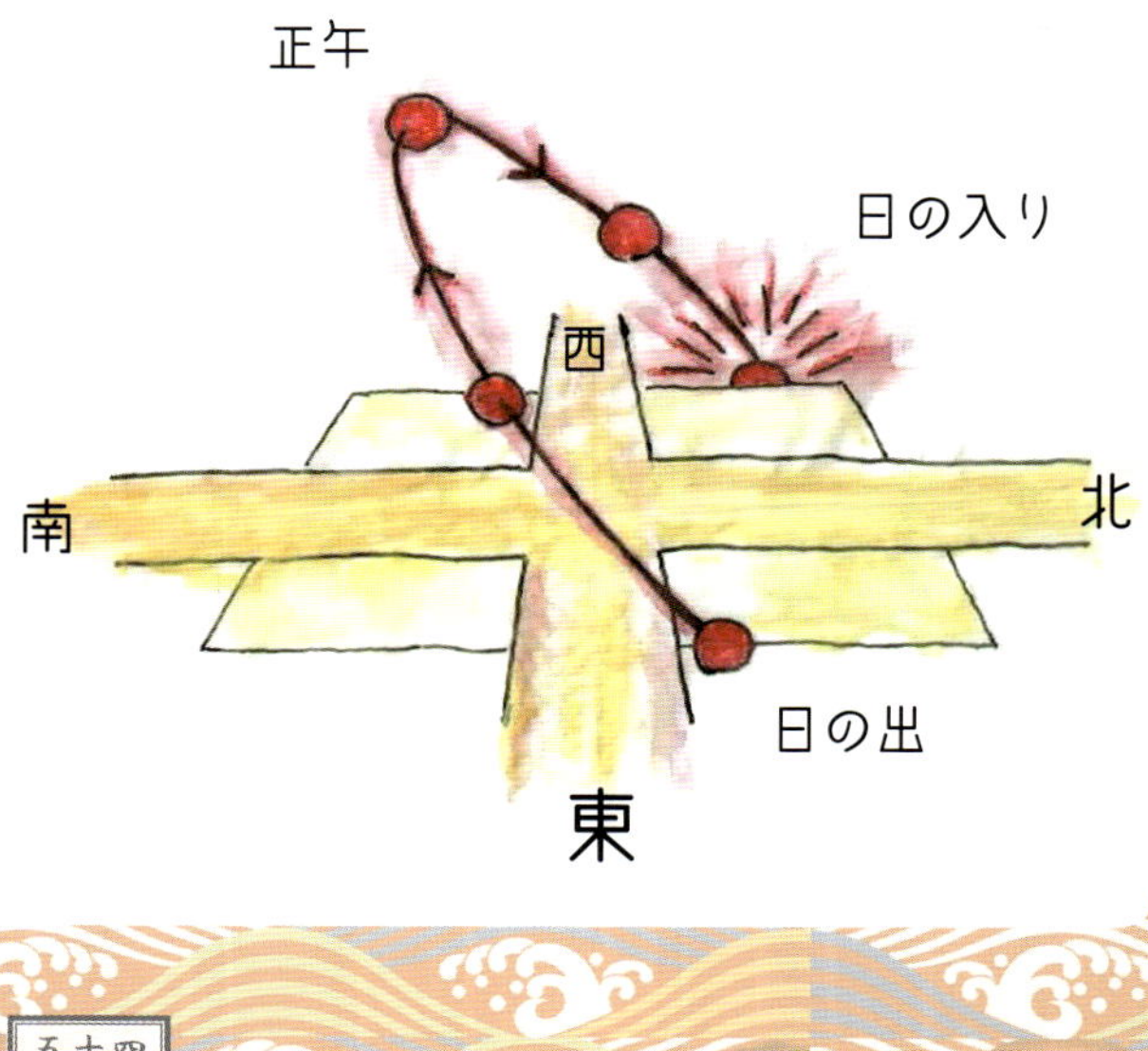

都市の夕陽の視座

夕陽が沈む「夕陽の風景」は、「朝陽の風景」よりも、人々に独特な情感を与えてきた。このために、日本各地に「夕陽の名所」の地名が残っている。現代においても、湖や海に落ちる夕陽を観光資源としている観光地も多く存在する。その代表は、島根県の宍道湖である。都市の西に、山があるか、海があるかで、各都市の「夕陽の風景」が異なってくる。

太陽は全ての生命の源である。夕陽の光景は人々に生きる力を与えてくれる。現代においても、都市の内の高台に、こうした「夕陽への視座」を意図的に整備していくことが重要だと考える。

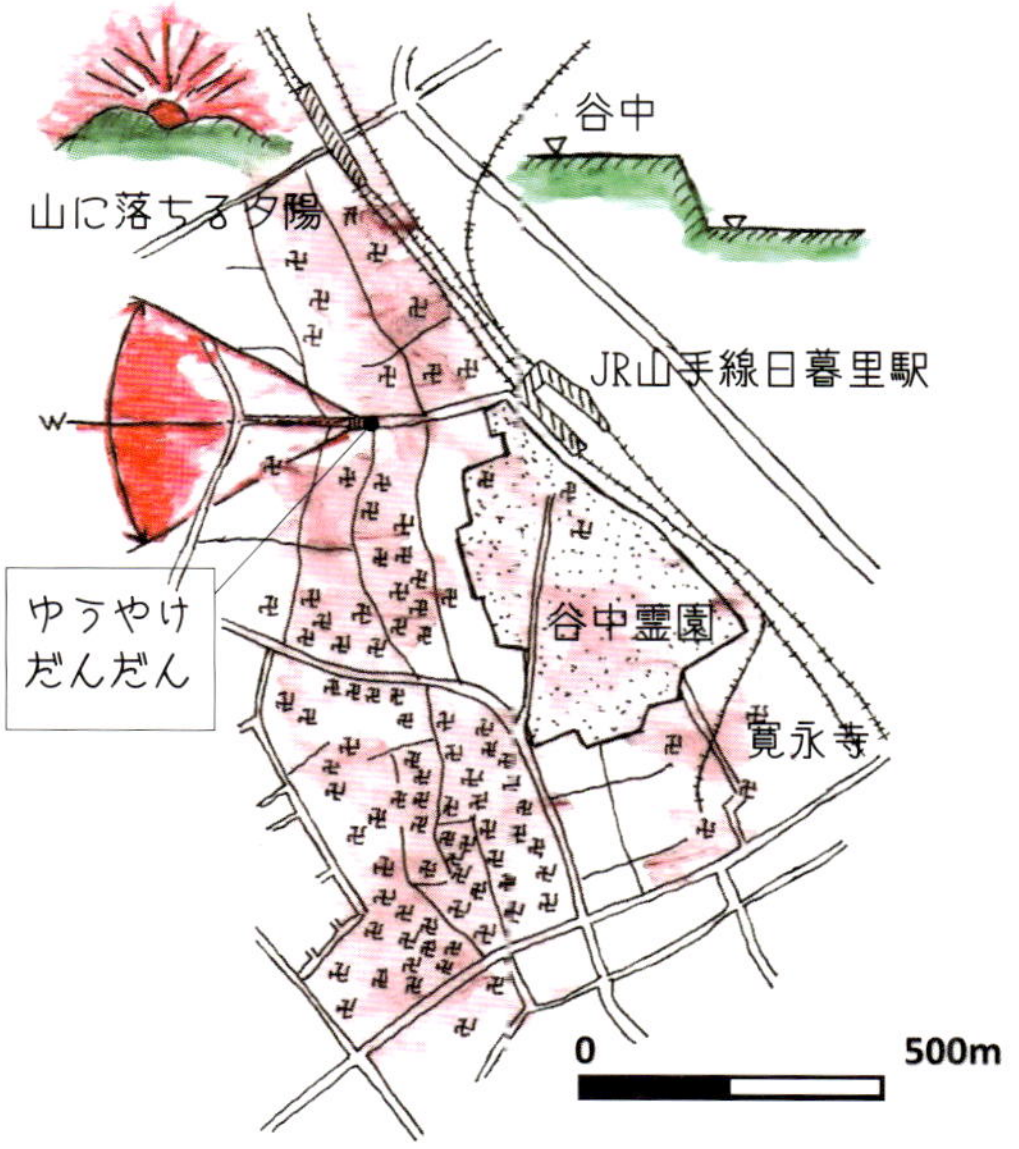

東京・谷中～日暮里地区の寺院配置図

東京の谷中（夕焼けだんだん）から上野までは、夕陽の見える高台に寺町が南北に細長く配置している。

大阪・谷町～夕陽丘地区の寺院配置図

大阪の夕陽丘では、四天王寺から北の谷町に向かって寺町が展開している。

東京・谷中の夕焼けだんだん

大阪・夕陽丘の夕陽を受ける寺町

都市と「山と丘」との景観関係

日本においては、借景庭園のみならず、都市的スケールにおいても、中景域や遠景域の山を景観の主観としておいてきた。日本人は、山によって人々の生活や都市が守られていると感じ、山が人々の視線を受け止めると同時に、人々の情感をも受けとめる対象物として捉えられてきた。

古都・京都の「山と都市のランドスケープ」は、東山・北山・西山の三山の山なみが京都盆地を取り囲み、市中には、緑の島のような独立した丘陵である、双ヶ丘（ならびがおか）、船岡山、吉田山の三山が存在している。京の都は、このような山や丘が街に溶け込み、深い緑のなかで日本の歴史や伝統が息づく街である。

京都・三年坂

京都の歴史的な景観は、“山と丘”と町屋との融合で成り立っている。

日田の三隈（みくま）と三隈川

大分県日田盆地には、日・月・星の三つの隈（丘陵）があり、市内を流れる川は三隈川と称されている。日・月・星の各名称が、各隈エリアの学校等の公共施設名にもなっている。写真は三隈のうち月隈。

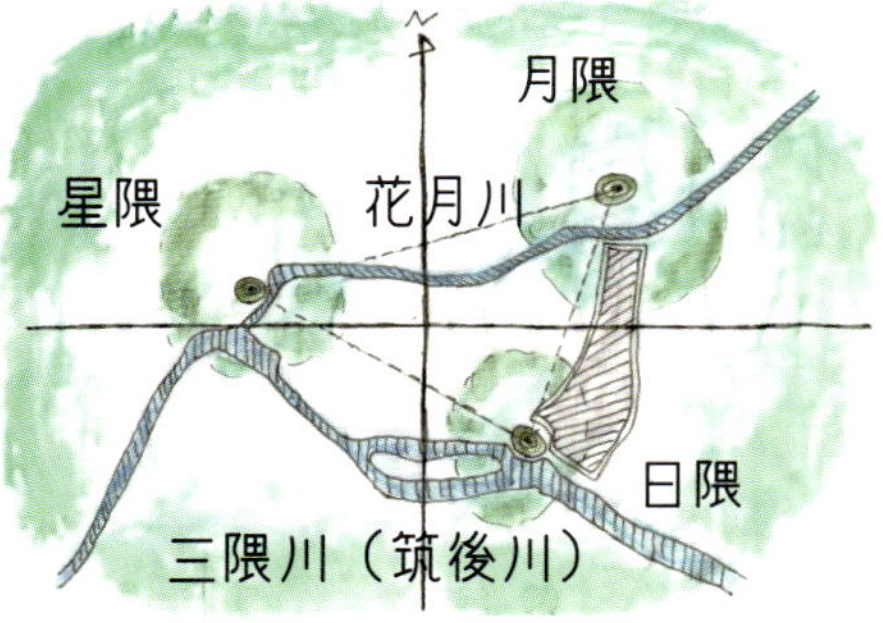

旧藤原京と大和三山

藤原京は、大和三山鎮む位置に建都され、拡大藤原京は大和三山と都市が融合していった。写真は大和三山のうち天香久山。

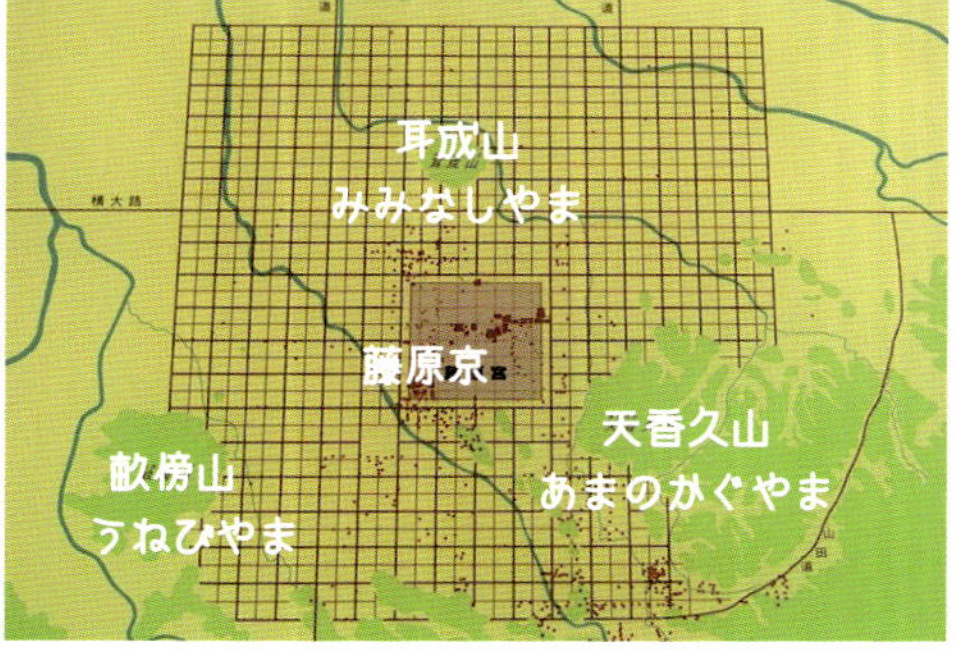

山と連携する計画

金沢兼六園の借景

兼六園は、六つの優れた景観が兼ねそなえられていることから、その名がつけられた。その一つが「山々への眺望」である。

多摩ニュータウンの富士見軸

多摩ニュータウンの鶴牧・落合地区の公園・緑地系統の配置計画は、富士山を前面に望める空間計画となっている。

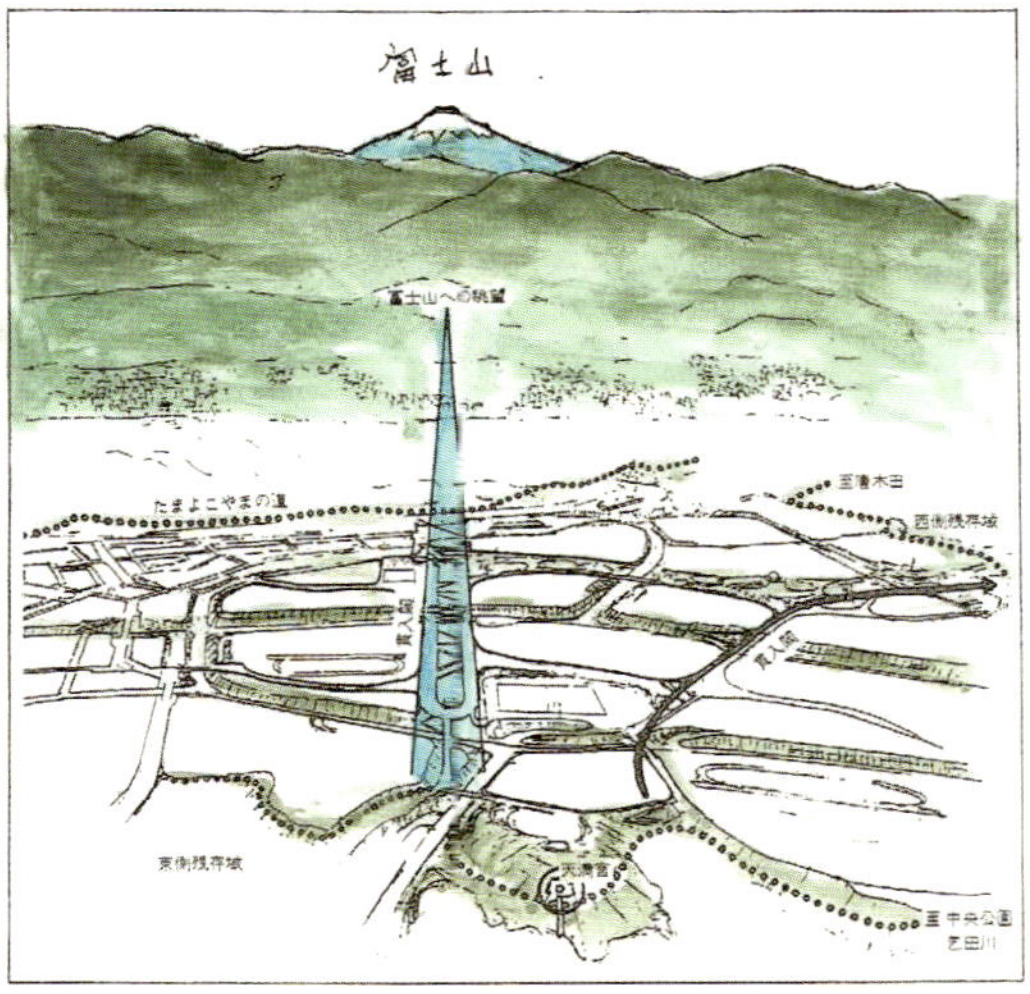

富士山へのビスタがある貫入闕（上野泰氏のスケッチに筆者が着色）。

八王子ニュータウンの“五山五丘三渓一流構想”

八王子ニュータウンでは、開発のなかで「五つの山、五つの丘、三つの渓、一つの流れ」が保全整備された。これらを効果的にネットワークさせることで、八王子ニュータウンらしさを表現する、「五山五丘三渓一流構想」が提案された。

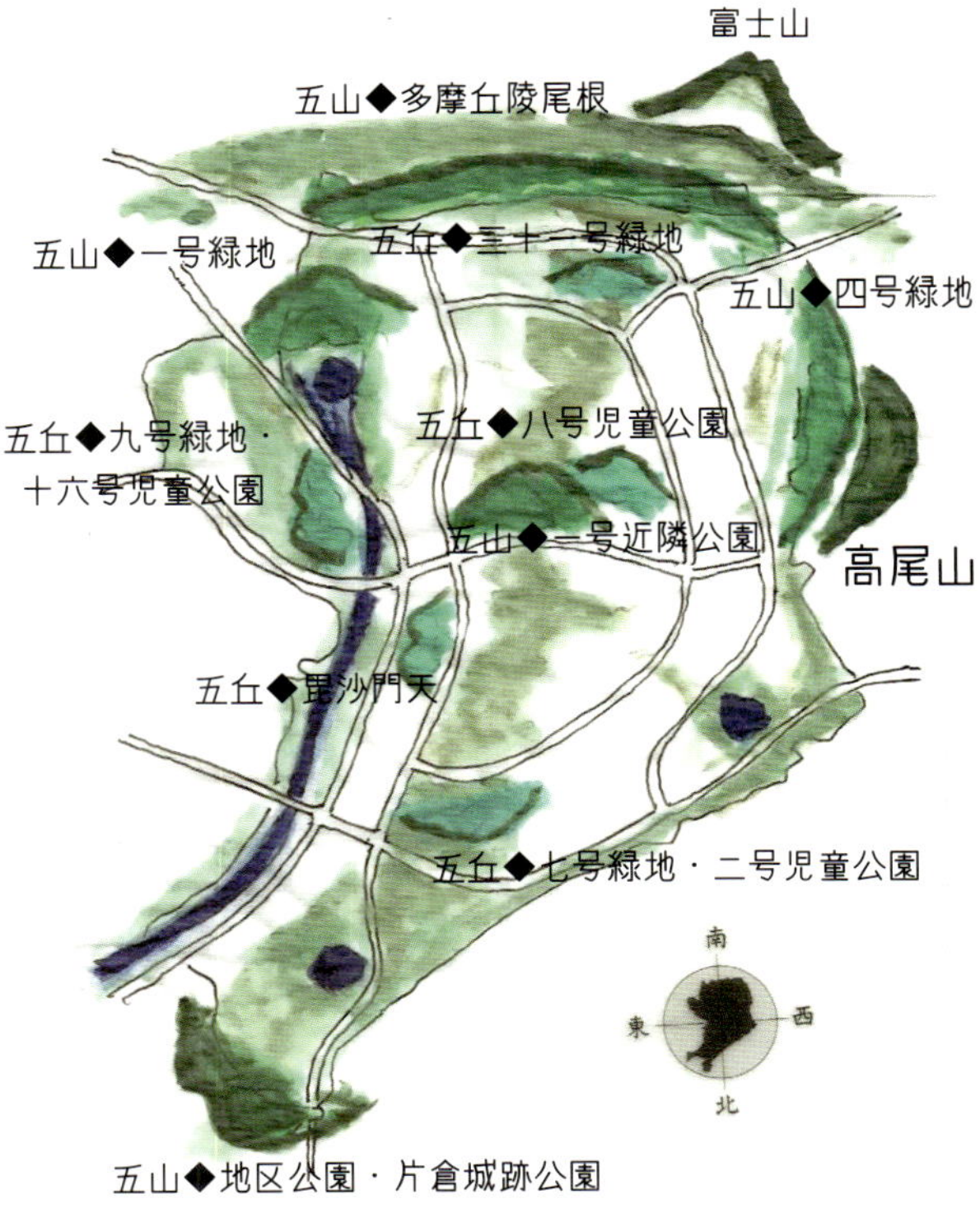

地域の水系を基軸としたランドスケープ計画

国土の中央が山岳地形であるために、日本の都市の多くは海に面した沖積平野に発展してきた。この山と海を繋ぐ空間が河川である。河川は、源流の山間部から下流の海まで、都市を横断している唯一の連続空間である。広域なランドスケープ計画は、この水系を基軸として、流域単位で地域のオープンスペースネットワークを立案することが妥当である。

日本のランドスケープ計画において、水系をランドスケープ計画の基軸とする理由は、次の四点となる。

❖河川は山から都市を横断して海まで繋ぐ連続空間であるために、生物の生息環境等の都市の環境共生を考える上で重要である。

❖河川の利水・水運機能は、近代都市整備以前において不可欠であったため、河川沿岸には都市形成の歴史・伝統・文化の痕跡が残されている。

❖河川は、流域の降雨状態の表情を象徴的に示す。

❖災害時の上下水道が寸断された時に、河川の水は初期消火やトイレ等の中水として利用できる。

東京・神田川

コンクリートで固められた都市河川においても、流れの方向が地域の地形を示している。また、晴れた日には水面が光で反射し、雨の日にはさざなみが川面をおおっている。雨上がりの日には、濁流が護岸の水位を押し上げている。川はその流域の変化を示してくれる、都市に残された最後の自然である。

河川空間の連続性模式図（福岡県・那珂川）

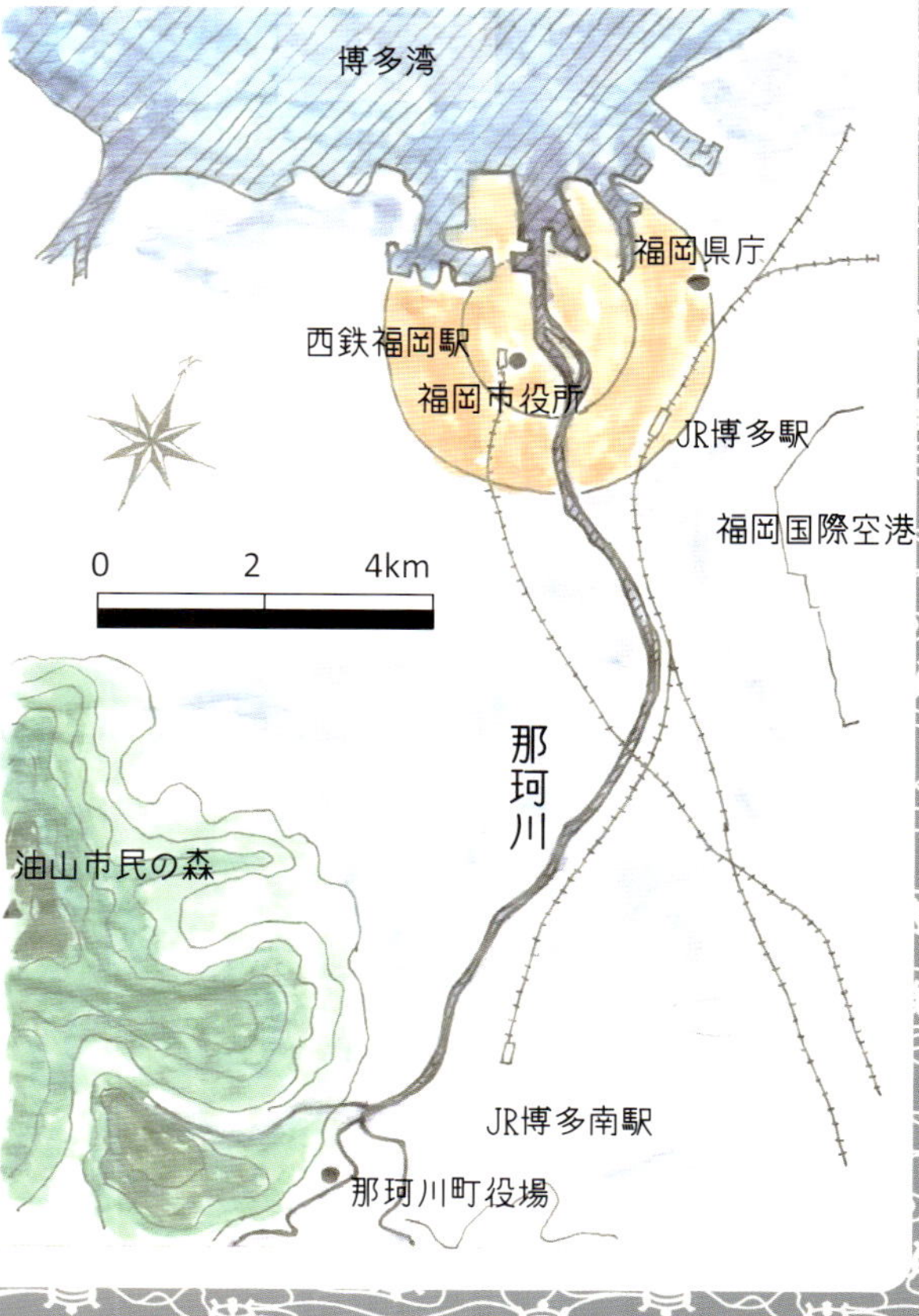

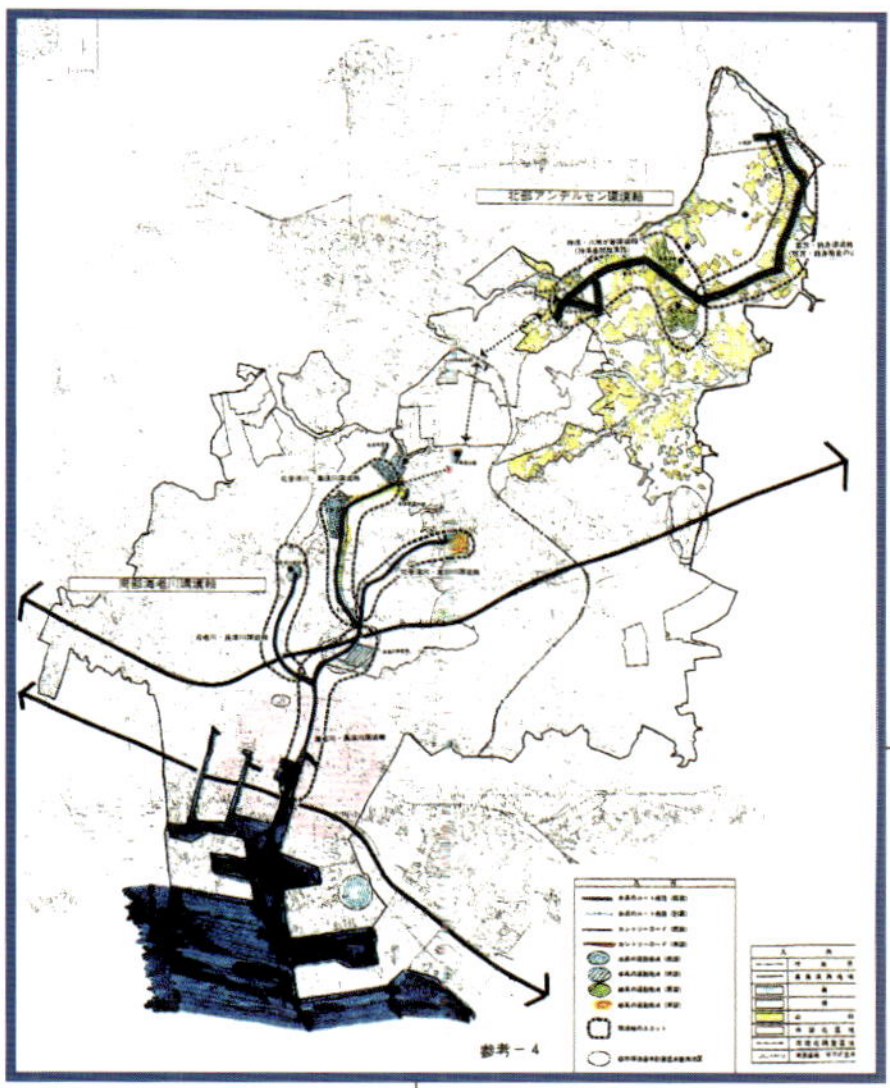

船橋市緑の基本計画（南部海老川環境軸）

千葉県船橋市は、海老川が源流から河口まで船橋市域で完結し、海老川流域と行政区域がほぼ重なっているために、海老川を市のオープンスペースの基軸とした「緑の基本計画」が策定された。

←水と緑のネットワーク図

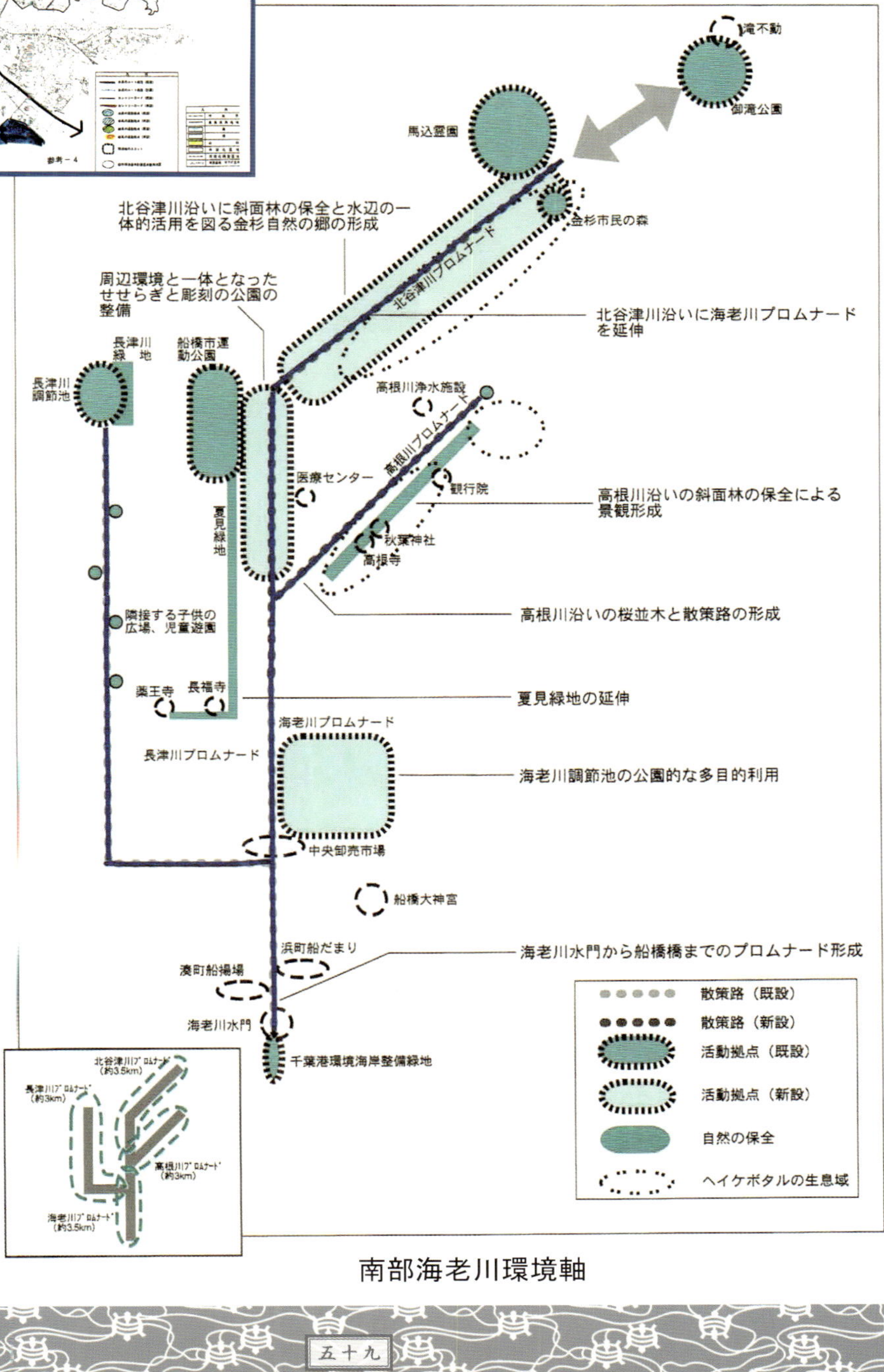

南部海老川環境軸

都市の海へのビスタ（視座）

日本の都市の多くは、海岸沿いの沖積平野に立地している。都市の拡大に伴い、都市の海岸線は埋め立てられて、都市中心部から海が遠くに離れてしまい、海を望む地点を失っている。

日本は地震国であるために、海岸沿いに立地している都市は、津波の脅威にもさらされている。このために、都市中心部にある高台を、平常時には「海が眺望できる公園」として整備し、非常時は、「災害時の一次避難地」としての空間に位置づけすることが重要である。

大分県佐伯市・城山

城山からは眼下の番匠川を見下ろし、遠目に太平洋に接するリアス式海岸を望める。

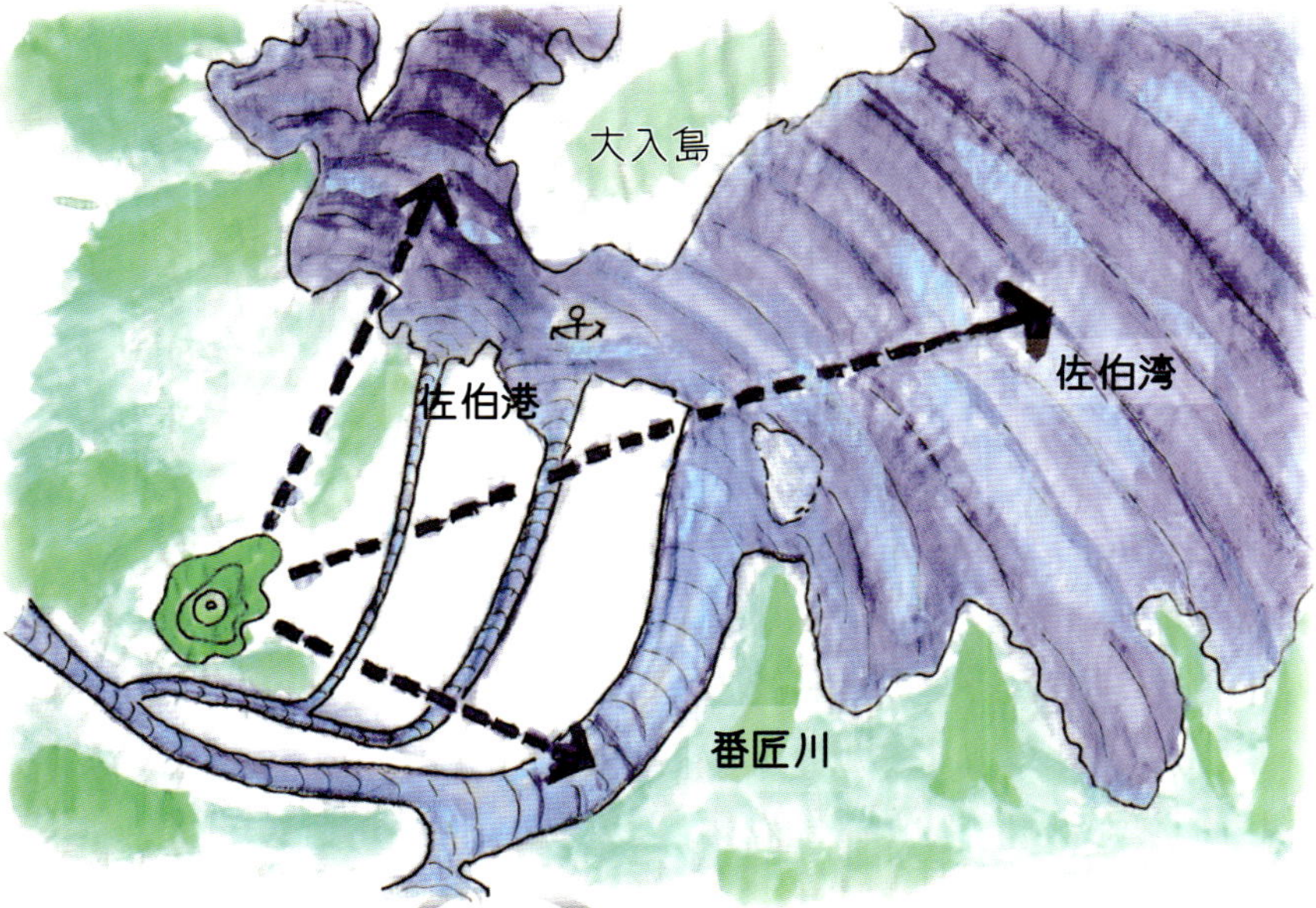

横浜市・港の見える丘公園

横浜港の都市的でダイナミックな港を見下ろすことが出来る公園である。

「港の見える丘公園」から望む横浜ベイブリッジ

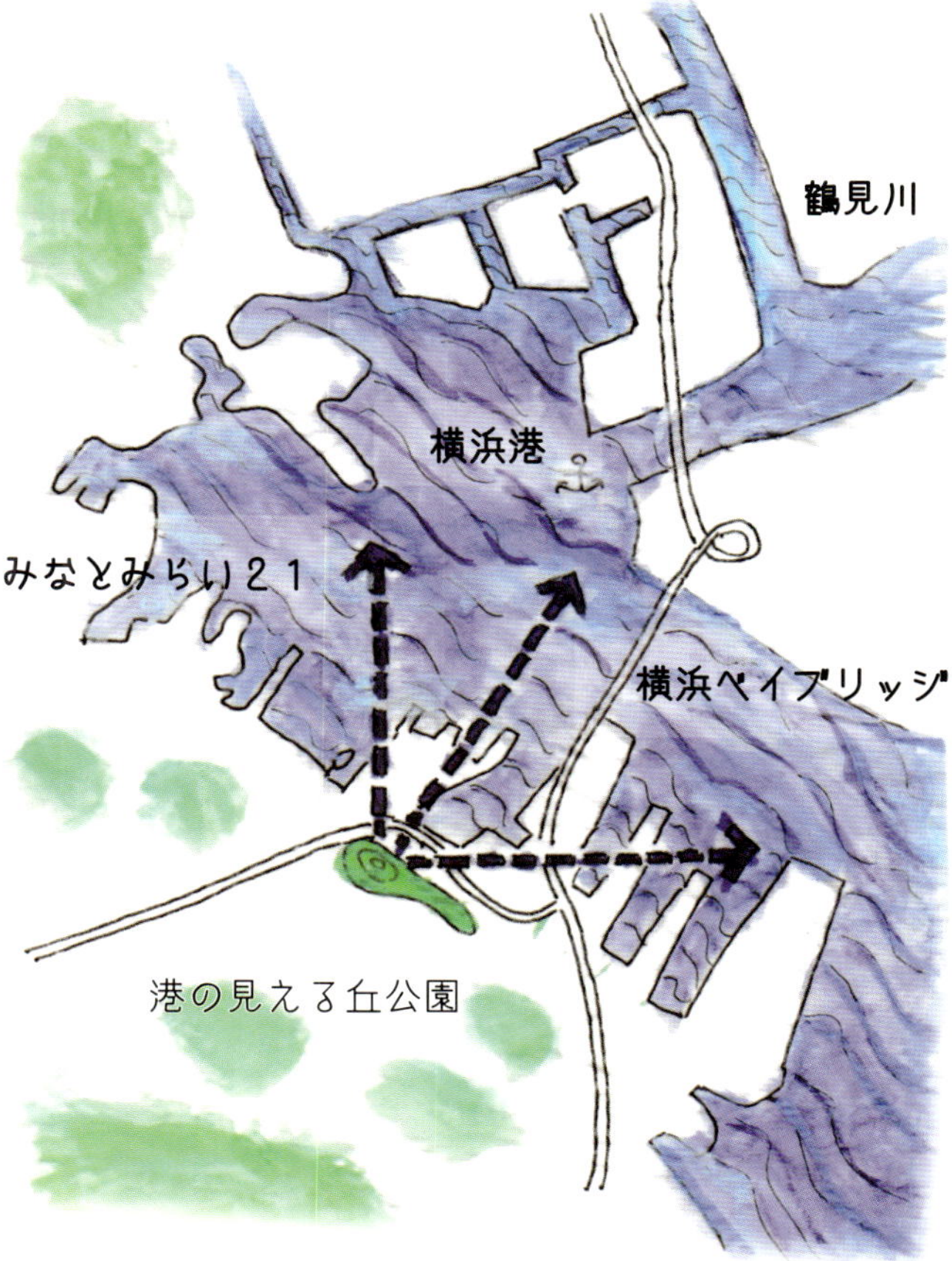

宮城県石巻市・日和山公園

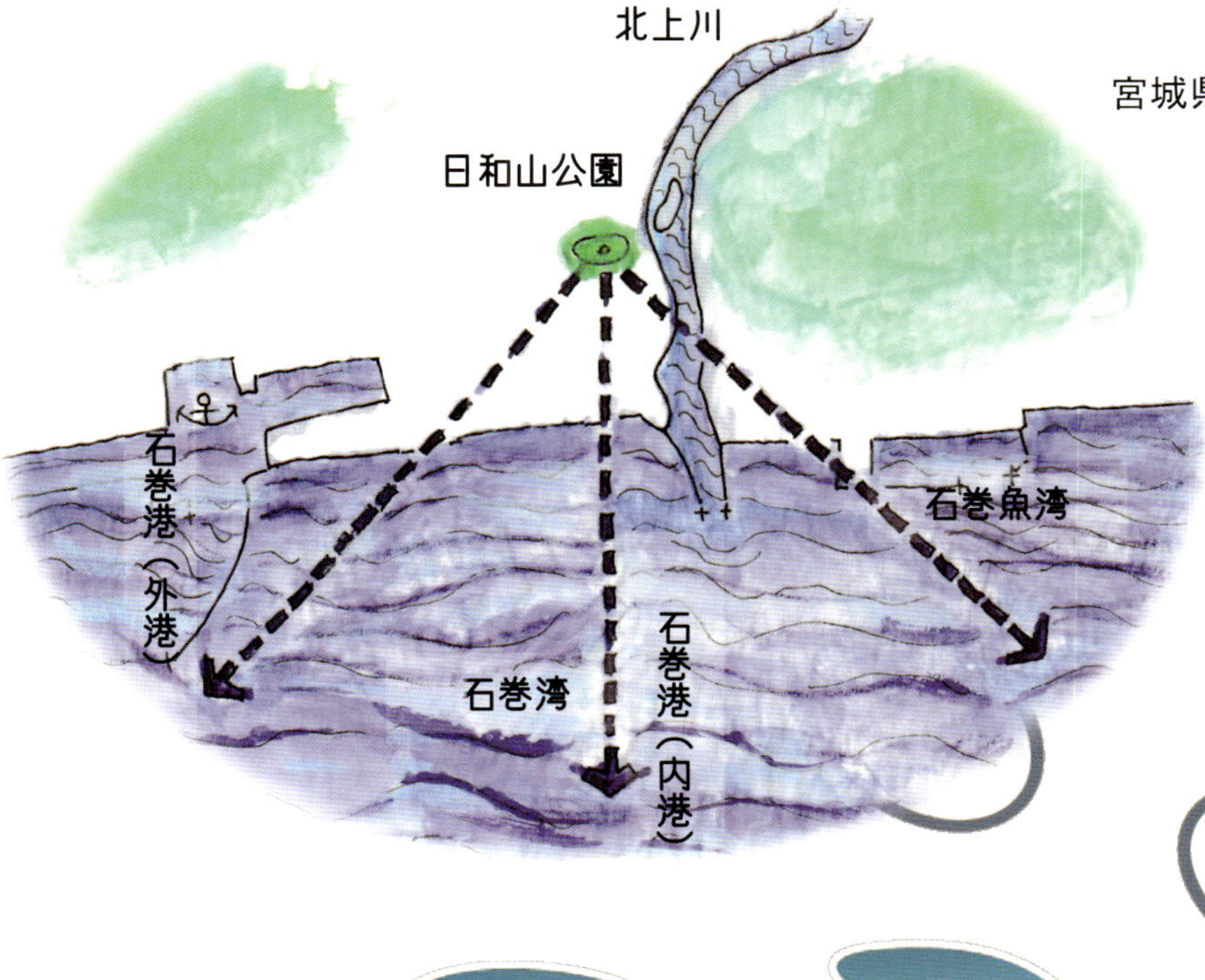

日和山公園からは眼下の北上川を見下ろし、前面には太平洋の雄大な海が望める。

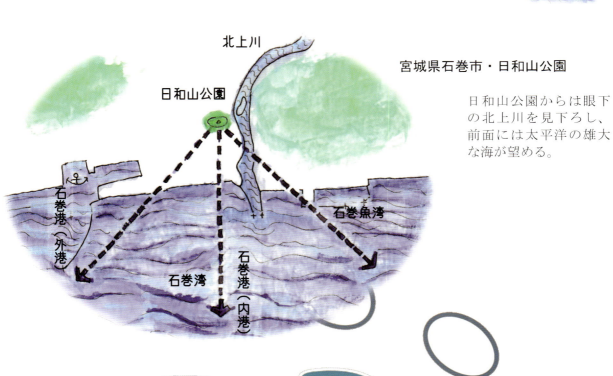

都市の歴史文化の継承（都市の歴史文化景域）

都市の歴史文化景域

日本の都市オープンスペース計画においては、都市内に残る神社・仏閣の緑や広場の存在は重要な空間である。城下町・港町・宿場町・門前町等を基礎として発展した近代都市においては、中心市街地に神社・仏閣が多く残されている。

近代の都市緑化である道路街路樹や公園の緑形態は、欧米諸国の都市緑化の影響を受けており、植栽されている樹種は外来種が多い。これに対して、神社・仏閣空間には、その地域の緑の原型や植生が残されている。なによりも、歴史的な神社・仏閣は、都市住民に精神的な安定感を与えてくれる。

こうした神社・仏閣空間に公園・緑地空間を重ねることで、オープンスペースの相乗効果が発揮出来る。神社・仏閣を都市の緑のネットワークに積極的に位置づけることで、神社・仏閣空間が都市において新しい歴史を重ねていくこととなる。

明治維新以来、欧米型の都市計画を進めてきた日本であるが、地域の自然と歴史環境とを兼ね備えた独自の個性を持った都市を実現するためには、都市の歴史文化景域を再編する必要がある。

飛騨高山の高山陣屋跡

天領の地を統治した陣屋跡地が飛騨高山の街の核となり、広場では朝市も開かれ、観光客による街の周遊起終点の目標地となっている。

「歴史的空間と公園緑地」と近代建築空間との融合

神社・仏閣空間が近代都市の高層建築空間と直接に隣接するのでは無く、公園・緑地空間を挟むことで、歴史的建築物と近代建築との歴史的分断を和らげてくれる。

東京・増上寺と芝公園との景観

福岡・警固公園と警固神社との景観

地域の歴史・文化の再現

横浜・港北ニュータウンの富士塚の再現

関東地方では、富士山信仰による山頂に極楽浄土があるとの「富士講信仰」から、身近な地に富士を模した土盛りである「富士塚」が多く存在する。横浜・港北ニュータウンにおいては、造成工事において消滅した地域の“富士山信仰”の象徴を、公園のなかに再現した。

川和富士公園

川和富士公園は地域の緑道の中間に位置する。富士山の形状は江戸時代の富士講のシンボルである浅間塚の再現を意図し、山頂は360°の展望台として、遠くに富士山や新宿副都心を望むことが出来る。

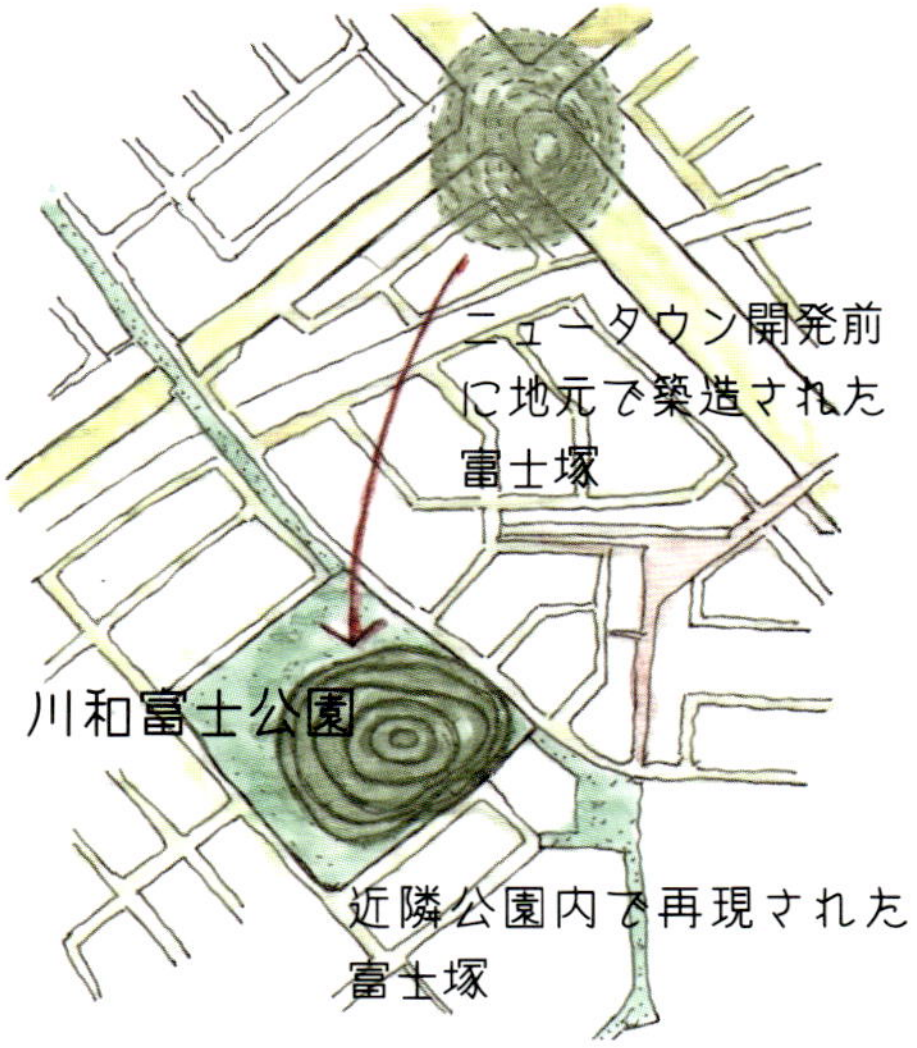

都市の歴史・文化景域の計画

栃木県・栃木市の歴史文化景域地区の計画

栃木市の神社・仏閣が残る歴史的な地区に、公園や公共・文化施設を組合せ、なおかつ当地区を散策する道を整備することで、都市の新しい歴史文化地区が形成される。

神明宮と一体となった公園

注）神明宮：神明神社の地域名称であり、伊勢神宮を総本社とする神社のこと。

第四章

和のランドスケープの実際

「計画編」

都市における「緑空間」「水空間」「道空間」の計画

四之一　「緑空間」の計画

都市の緑空間を計画するにあたり、「日本の植物相の多様さ」と、「日本の緑の成育限界」という、日本の緑の特徴をよく理解する必要がある。日本の植物相は、季節ごとに花開くという**四季変化の多様性**を示す。特に、**日本の紅葉**は世界のなかでも類をみない多彩な美しさを持つ。さらに欧米諸国は基本的に落葉樹の樹林帯であるが、日本には、冬なお青い**常緑樹**と、冬は葉を落とし春には芽吹くという**落葉樹**の二つの緑の世界を持つ。この常緑樹と落葉樹との組み合わせが、日本の緑空間を奥深いものとしている。

近代都市において、緑空間と人工的な建築・土木空間とを組み合わせるときには、**日本の緑の成育限界**を理解しておく必要がある。近代建築や土木技術の技術革新は目覚ましいが、植物は生き物であるために、その成長力や生育条件に限界があることを知ることである。近代建築技術は五〇階を超える超高層建築を可能としたが、日本では大木となるクスノキやケヤキであっても、ビルの五階程度の高さまでしか成長しない成育限界がある。これが、日本の**緑の大きさの成長限界**である。また、日本は山岳地形であるために、都市の展開は平野部に限られてきた。しかし、戦後において都市が膨張し、ニュータウン等の都市郊外部の丘陵地での都市開発では、山を削り、谷を埋めて宅地造成をした。近代土木技術がこうした大規模な地形改変を可能としたが、造成工事の結果には造成斜面（法面）が発生する。樹木が斜面で成長するには**法面角度での成長限界**がある。このことを認識しないで、土質の安定勾配のみで山を削ると、法面の復元緑化は出来なく、種子吹き付けやコンクリートで斜面を固める景観処理の選択肢しかなくなる。

都市緑化に最も効果が大きいのは**道路の街路樹**である。街路樹の都市文化は、明治以降の欧米の都市美の概念から導入された。都市内に自然空間を導入する対応と、日本の夏の暑さから緑陰を得る目的で、現在では、街路樹は都市施設として不可欠なものとして定着している。「仙台の青葉通り」や「東京の表参道」のケヤキ並木や、「東京の神宮外苑」や「大阪の御堂筋」のイチョウ並木など、街路樹そのものが街の個性を表現している都市もある。ニュータウン開発では、丘陵地の造成により地域の緑が失われた後に、幹線道路網の整備と伴に、街路樹網の整備が緑の復元に重要であった。常緑樹と落葉樹、花木や紅葉木との組み合わせで、街路樹計画においてそれぞれの**ニュータウンの個性**を表現しようと努めてきた。現在までの街路樹計画では、「同一樹種を、同一の高さで、同じ間隔で植える」のが街路樹の美学とされてきた。しかし、日本の樹木は、常緑樹と落葉樹が存在し、花木や紅葉樹が多彩である。この日本の植物相の豊かさを、街路樹計画においても生かそうとした試みの事例として、**福岡市天神地区の街路樹計画**を本書では紹介している。

都市公園や緑地の概念は、明治後に街路樹と伴に日本の都市に導入された。都市の屋外レクリエーションの場として、都市公園や緑地は現代都市に不可欠な都市施設である。特に近年多発する都市災害の「一次避難地」としても、都市公園や緑地には、**都市防災施設**としての必要性が再認識されている。日本の都市公園・緑地を都市景観の視点から見ると、公園・緑地が単独として存在し都市全体の景観から分断しているとの指摘は、従来から指摘されてきたところである。いわゆる公園・緑地と道路との境界部が、「**都市のなかでの緑の壁**」となっている処理である。公園・緑地空間と道路の歩行者空間や河川空間とのオープンスペースが、互いに連携すると空間的広がりに効果を発揮する。都市公園や緑地を単独施設として存在させるのでは無く、隣接する道路や河川のオープンスペースとしての一体空間と捉える必要がある。

日本は山岳地形であるために、都市の後背地には必ず山が存在する。こうした都市近郊林は、かつては農林業と結びついた雑木林の里山として維持されてきた。都市の拡大がこうした都市近郊林まで及ぶと同時に、農林業の産業構造の変化により、人の管理から放棄された二次林が都市近郊に多く残されることとなった。ニュータウン開発のなかではこうした二次林の一部が保全された。都市公園や緑地でも無い、生活に身近な「日本の都市林のあるべき姿」を求めて、**二次林の再整備と利用**についてはニュータウン事業のなかでも様々な試みが行われた。

春・サクラの落花：桜の開花後に、花が落下した地表面の一帯には、桜花の絨毯道が演出される。

秋・イチョウの落葉：イチョウの落葉は、一面を黄色の世界に染めるあげる。

季節の演出

日本の四季の演出

和のランドスケープにおける最大の表現手段は、「日本の四季の豊かさを開花や紅葉で表現する」と言っても過言では無い。春に「一斉に開花する桜の風景」や、秋の「紅葉の美しさ」を、植栽材料で空間演出する事は、建築や土木空間では全く成しえないことである。和のランドスケープデザインは、「季節の推移」という空間の四次元を、最大のデザイン要因として捉えるべきである。

日本の気候帯は、「常緑樹林を背景にして落葉樹の美しさの演出が可能」という、世界でも数少ない気候帯に属している。このために、「四季の変化」「常緑樹と落葉樹との組み合わせ」や、それに高木・中木・低木そして草本をも組み合わせて植栽デザインをすることが可能である。こうした植栽デザインが可能なのは、日本には、豊かな自然で育っている多彩な植物材料が存在するからこそである。

常緑樹を背景とした落葉樹の美しさの演出

日本の緑の形態：日本は「深い緑の常緑樹を背景として落葉樹の花木や紅葉木の美しさの演出」が可能である。日本庭園の植栽手法は、常緑7：落葉3、あるいは常緑6：落葉4が定石とされた。

常緑樹を背景としたコブシの開花：白いコブシの花も、常緑樹を背景とすると、その無彩色の美しさが際立つ。

常緑樹を背景とした紅葉木：群とした紅葉の美しさも良いが、常緑樹を背景とした紅葉単木の美しさも独特である。

針葉樹を背景とした桜の開花：濃い緑を背景とした、サクラの花の開花には独特の美しさがある。

日本の紅葉の美しさ

欧米の落葉樹の紅葉は、黄色が多く、日本のような紅葉の色彩多様性は無い。日本はその紅葉する樹種の多さでは他に類を見ない。

日本の紅葉は、「錦」に例えられるように、紅葉する木の種類が多く、色合いが多彩（深紅色・朱色・洋紅色・明るい黄色）であるために、日本の秋は鮮やかに彩られる。また、日本の紅葉景観は、常緑樹や針葉樹の深い緑を背景として、紅葉木とのコントラストを成すところにも、欧米と異なる美しさがある。

こうした日本独自の紅葉の美しさを把握した上で、日本の秋景美を演出したい。

常緑樹を背景とした紅葉の美しさ：日本の紅葉は、深い緑の常緑樹を背景として、その美しさが際立つ。これは世界でも独特の美しさである。

緑の成長限界・大きさ

超高層ビルのように、建築物は現代の技術力で人の望む高さを確保できる。しかし、樹木の大きさと高さには生物としての限界がある。建築と緑空間のバランスを考える時には、この樹木の成長限界をよく理解した上で、都市の緑空間を計画する事が必要である。

建物の高さと樹木の大きさとの関係

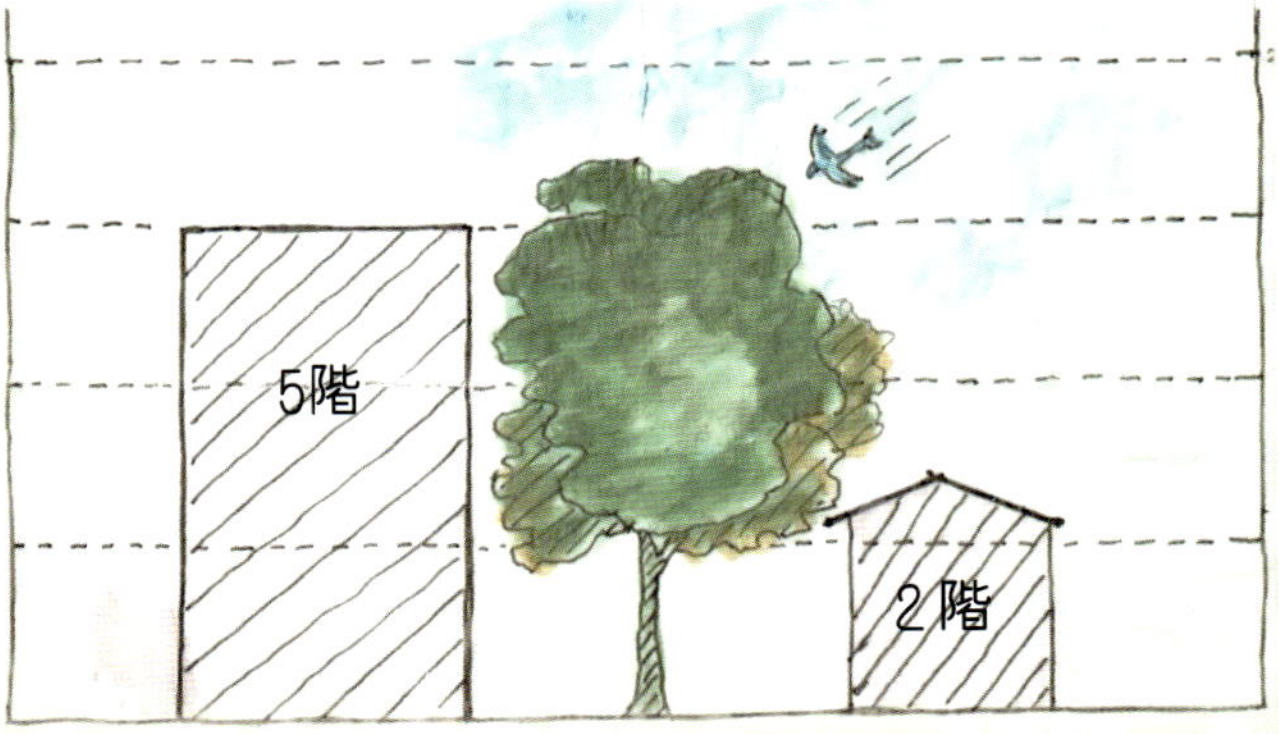

関東では大木として成長するケヤキにおいても、5階建ての建築ボリュームに対応するのが限界である。

建物と樹木群とのボリュームバランス

上／高層建築物に対しては、単木では建築容積との空間バランスはとれない。

右／高層建築に調和させる緑空間は、大木となる樹木を群としてまとめる空間を確保することが必要である。

都市における建築高層化と緑地の環境インフラ

“個の緑”から“群の緑”へ、そして“帯の緑”へ

都市における建築の高層化は、土地の高度利用目的だけでは無く、建築の高層化により地上のオープンスペースを増やすという明確な目標が必要である。建築を高層化する地区は、環境インフラとしての緑を地区に生み出すという開発目標が必要である。

右／**建物容積ボリュームと緑被率との関係**：高層建築物の容積ボリュームに対して、地上の緑被率が圧倒的に不足している。

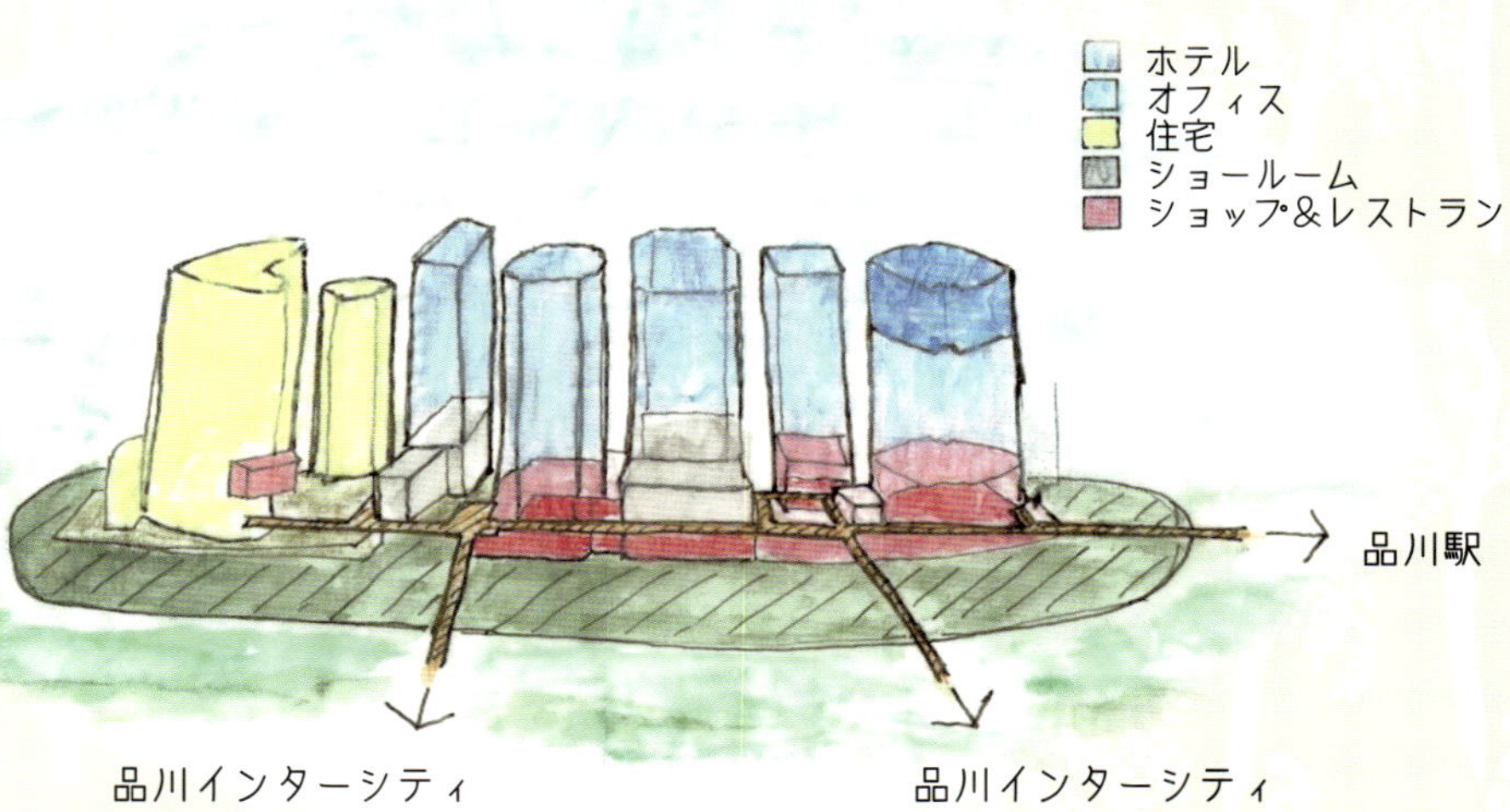

品川東口地区の環境インフラ：品川東口地区は、再開発地区計画の事業手法で地区内に緑のインフラ（品川セントラルガーデン）を生み出し、その緑の帯線上に複合的な都市機能を持つ超高層建築群（品川インターシティ・品川グランドコモンズ）を張り付けている。

超高層建築群のなかの緑の帯線（品川セントラルガーデン）：都心部の貴重な土地において、再開発事業による建物高層化のおかげで、公共事業単独では成し得ない、緑地や広場のオープンスペースが生みだされている。

都市の中の自然空間：お昼どきには、超高層建築からサラリーマンが下りて来て、緑の下でお弁当を広げている姿が見られる。

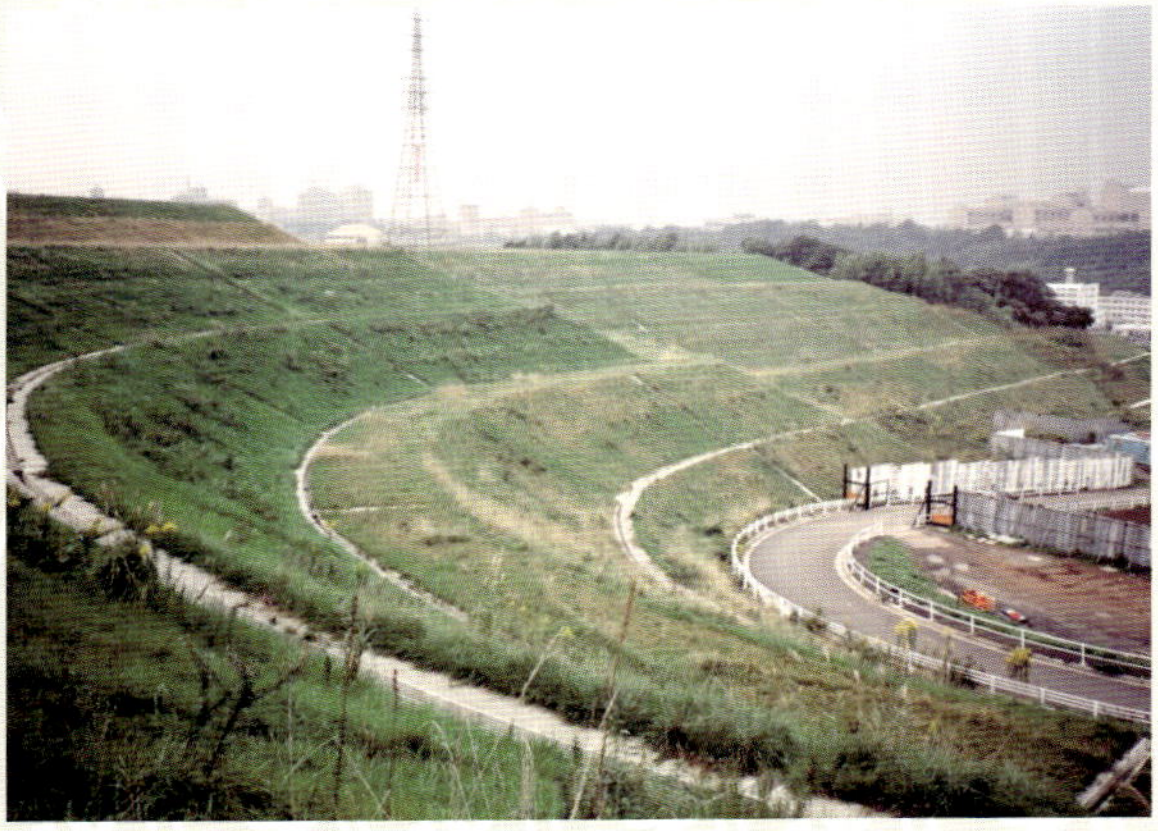

早期の復元緑化が望まれる造成法面（多摩ニュータウン）：丘陵地の造成で発生した長大法面には、早期の復元緑化が望まれる。

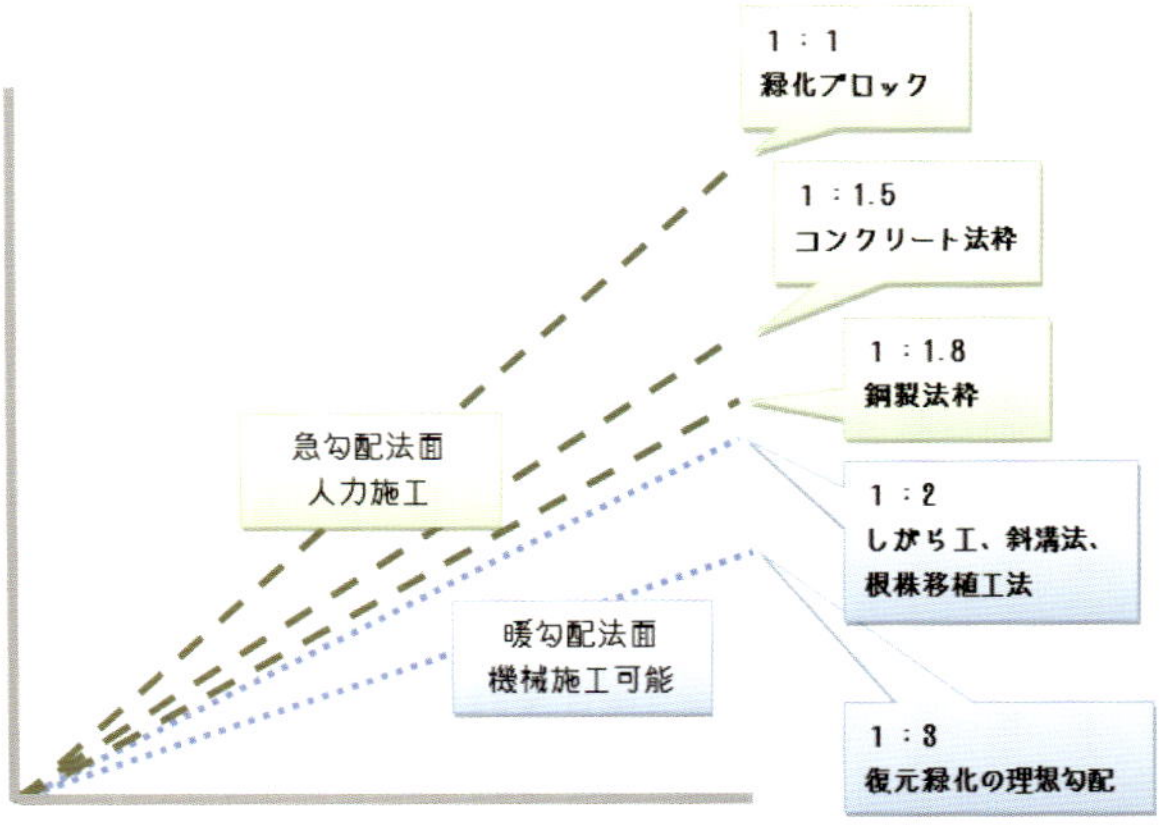

法面安定工法の施工限界勾配（ニュータウン事業における検討）

緑の成長限界・法面勾配

ニュータウン事業における造成法面の復元緑化計画

丘陵地に宅地開発のために造成工事を行うと、平坦な宅地盤を得るためには、必ず切土・盛土の法面が発生する。宅地の高低差処理には、コンクリート擁壁等の処理では無く、都市景観上からは斜面緑地にする事が望ましい。しかし、斜面で樹木が生育するためには、斜面の角度に成長限界がある。樹木を安定的に成長させるための、安定勾配の斜面角度を考慮した造成計画が必要である。

造成計画においては、丘陵地に平坦な宅地を得る面積と、法面を斜面緑地とする面積との造成バランスの検討が必要である。二割勾配以上の法面を斜面緑化するには、法面に客土や樹木を滑落させない人意的な措置が必要となる。このためには、法面安定対策の工事費を植栽工事金額以外に確保しておく必要がある。

日本のニュータウン事業においては、丘陵地開発に伴う造成法面の復元緑化について、様々な工法検討がなされた。

右上／緑で復元された造成法面（横浜港北ニュータウン）：造成法面に、保全していた表土をオーバーレイして、造成工事時に移植された現地樹木と購入樹木との組合せで、完全復元された3割勾配法面。

右下／急勾配法面の緑化工法事例・斜工法（多摩ニュータウン）：斜溝法が採用された2割勾配造成法面。斜溝法は、URにより多摩ニュータウンの現場で開発された。

下／急勾配法面の緑化工法事例・鋼製法枠工法（八王子ニュータウン）：急勾配の造成法面では、客土そのものが滑落してしまうために、鋼製法枠等で物理的な安定処理をした上で、客土工事や植栽工事が必要となる 。

地形の段差処理

日本の気候は、降雨量が多く温暖な気候であるために、宅地造成や道路整備のために山を削っても適切な処理をすれば緑の復元は可能である。

適切な処理とは、まず、樹木が生育可能な切土勾配とすることである。また、切土盤は腐食土を含まない固い土壌が露出するために、樹木の生育に必要な有機物を含んだ土壌を客土した上で、樹木の植栽をする事である。

人間の利便性のために、自然を改造した後に発生する法面を、安易にコンクリートで固める処理をする前に、新しい地形条件下での緑復元の技術的な検討を行うべきである。

× コンクリートで固められた法面

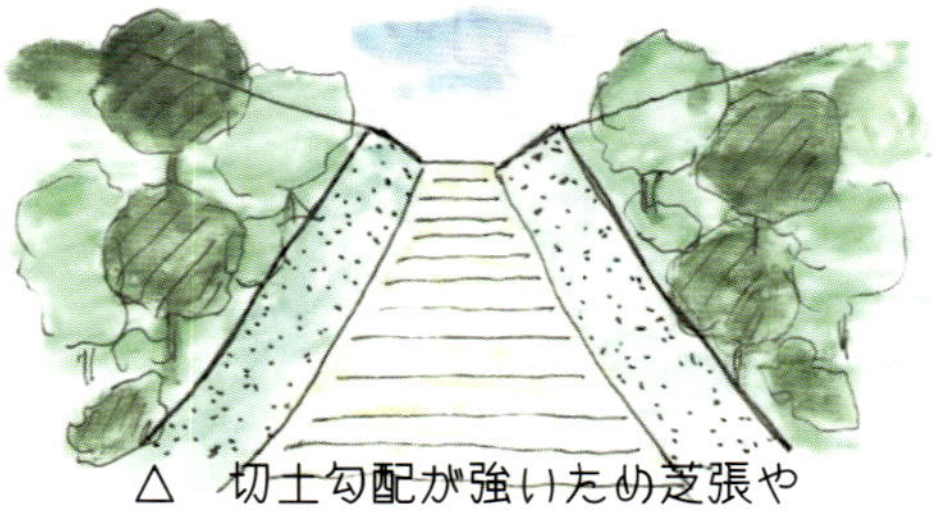

△ 切土勾配が強いため芝張や
種子吹付で処理された法面

○ 適切な切土勾配で復元緑化が可能な法面

道路整備により発生した法面の処理方法

左／コンクリートの擁壁：丘陵地の道路整備で地形造成を伴わなかったために、法面をコンクリートで固め、アースアンカーで固定している斜面。

下左／コンクリート法枠：都市内において、コンクリート法枠で放置されている斜面。コンクリートの劣化で地震時には崩落の危険性がある。

下右／急勾配の造成法面：神社の山頂移転で切土された山の斜面は、切度勾配が強いために、芝生吹きつけでしか緑化出来ない事例。取り付けられた階段は踊り場のない急勾配の階段となる。

好ましくない事例

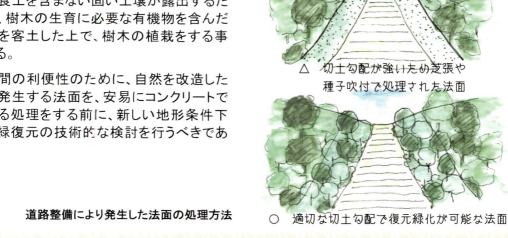

緑陰を確保する街路樹

道路の街路樹計画

道路の街路樹は、①人工的な都市に四季の変化を演出する、②夏季に日射しを遮る緑陰を歩行者に与える、③様々な形態・色彩の建築物が建ち並ぶ都市の沿道景観に、緑の空間が加わることで統一的な都市空間を演出する、④ハードな都市環境のなかでの生物生息を支え、微気候を改善する等の役割を果たす。こうした意味において、道路に街路樹を整備することは、道路が都市の動脈機能だけではなく、「都市の静脈」としての機能を持つこととなる。

都市景観に欠かせない街路樹

落葉樹

ケヤキ

シンジュ

トチノキ

スズカケノキ

シダレヤナギ

街路樹の樹木リスト

落葉樹	トチノキ、シンジュ、アオギリ、アキニレ、エノキ、サワブルミ、シダレザクラトネリコ　等
（花木）	サクラ類、ハナミズキ、エンジュ、コブシ、ハクモクレン、ナツツバキ、ニセアカシア、ハクウンボク、ヤマボウシ、サルスベリ、エゴノキ　等
（紅葉木）	トウカエデ、ナンキンハゼ、ハナミズキ、モミジバフウ、タイワンフ、ハナノキ、イロハモミジ　等
（黄葉木）	ケヤキ、イチョウ、ユリノキ、スズカケノキ、カツラ、ポプラ、イヤカエデ、ハウチワカエデ　等
（実を見る木）	ナナカマド、カリン、アンズ　等
常緑樹	クスノキ、シラカシ、アラカシ、スダジイ、マテバシイ、タブノキ　等
（花木）	タイサンボク　等
（実を見る木）	クロガネモチ、ヤマモモ　等
針葉樹	メタセコイヤ、ラクウショウ、ヒマラヤスギ　等
ヤシ類	カナリーヤシ、フェニックス　等

クロガネモチ

カナリーヤシ

ラクウショウ

イチョウ

サクラ

ハナミズキ

ニュータウンの街路樹計画のシナリオ

幹線街路は都市の骨格であり、その街路景観を特色づける要因としての街路樹の存在は大きい。時代と共に少しづつ拡大してきた都市では、都市全体の街路樹計画のシナリオを持つことは困難である。

これに対して、計画的な新市街地であるニュータウンでは、当初から都市全体の街路樹計画のシナリオを持って街路整備を行ってきた。ＵＲ施行のニュータウン事業における街路樹整備事例を解説する。

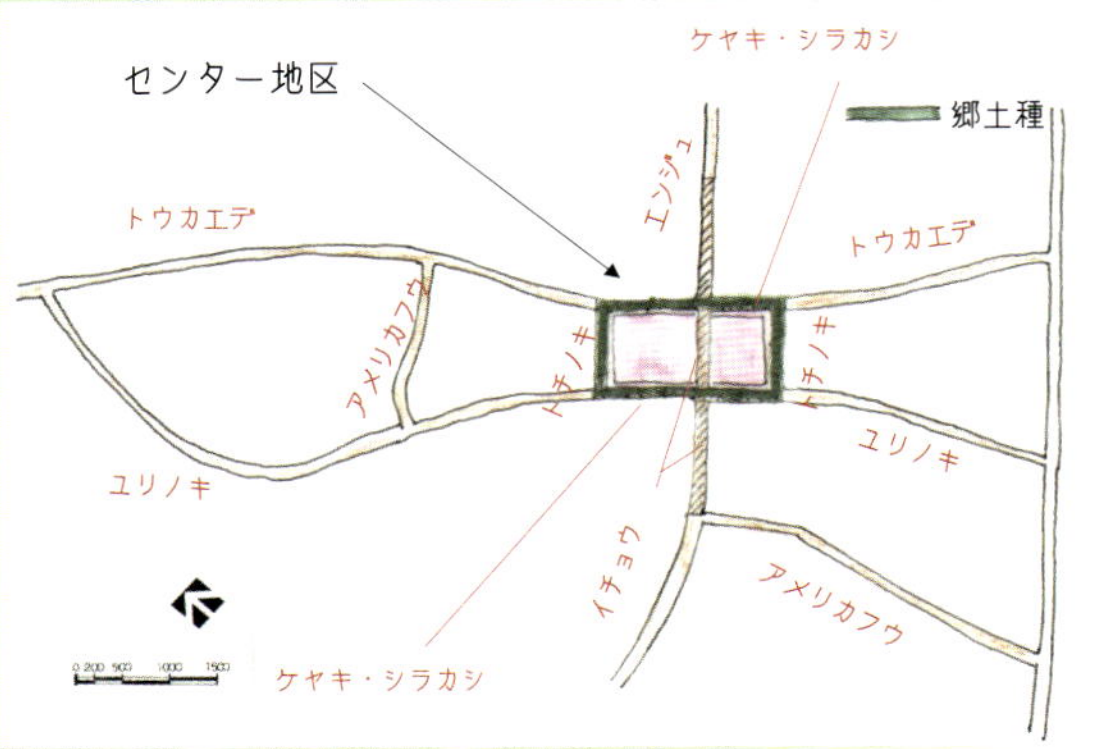

筑波学園都市の街路樹計画：郷土種を核とした田園風景との調和

地域の屋敷林を構成している樹木のケヤキ・シラカシの郷土種を街路樹として採用し、センター地区には、都市性を表現するために、大木となるケヤキ・トチノキを採用している。

横浜・港北ニュータウンの街路樹計画：常緑と落葉樹による東西と南北軸の明確化

ニュータウンの均一な街路風景を補うために、東西軸街路には常緑樹、南北軸街路には落葉樹とし、ニュータウ ンの東西と南北方向を明確にしている。

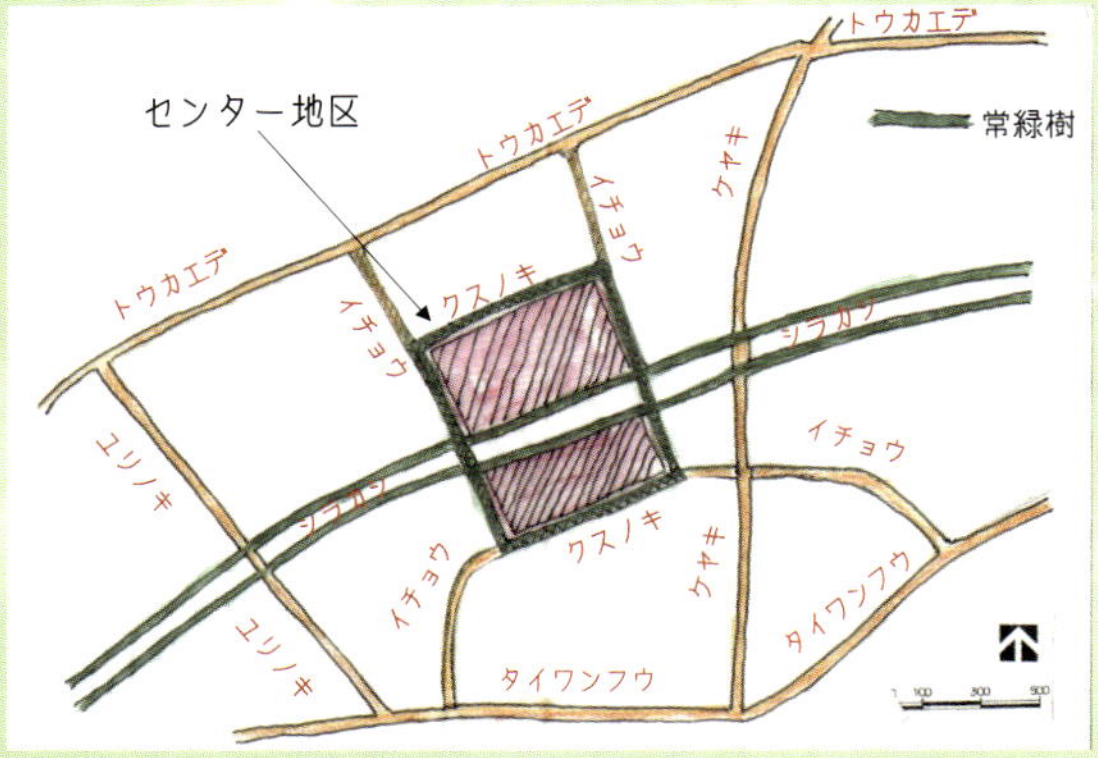

千葉ニュータウン（センター地区）の街路樹計画：常緑樹を核とした紅葉樹計画

センター地区には大木となるクスノキを配し、ニュータウン軸の鉄道沿いの幹線道路には、同じ常緑樹のシラカシで街路骨格を形成した上で、周辺街路は季節感を演出する紅葉樹としている。

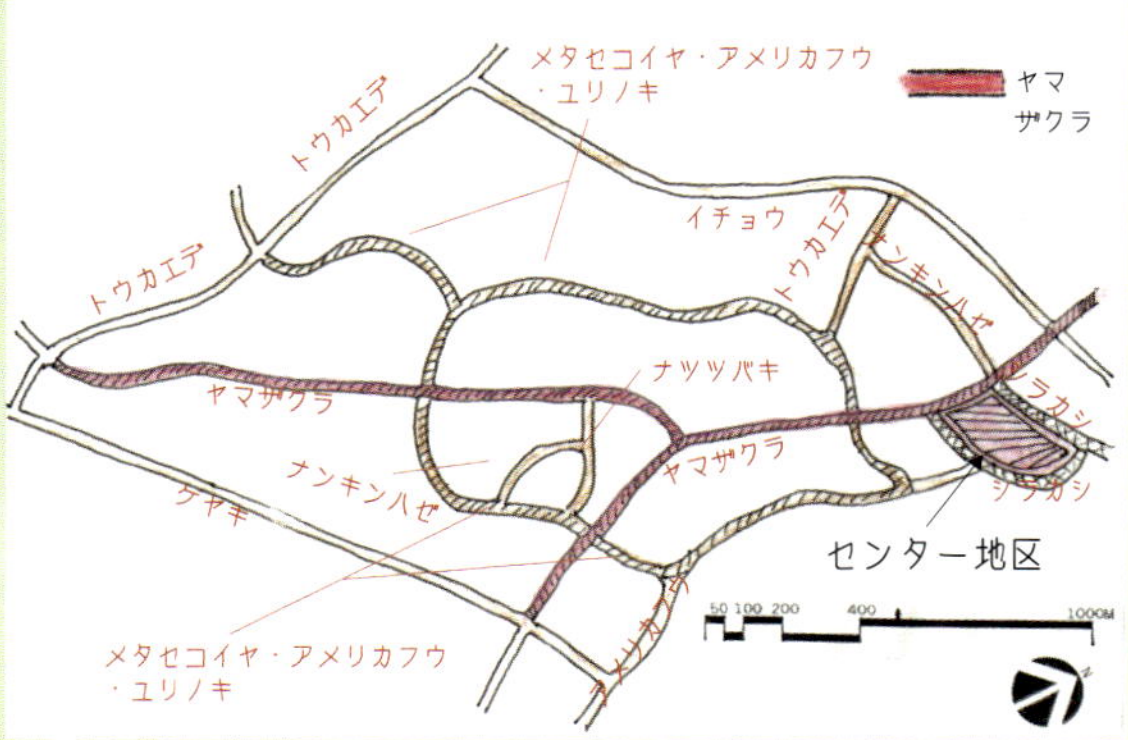

多摩ニュータウン（八王子市域）の街路樹計画：ヤマザクラを基軸とした紅葉樹計画

地区を中央に貫く幹線街路をヤマザクラとし、地区内ループ道路をメタセコイヤ・アメリカフウ・ユリノキの混植とし、周辺街路は紅葉樹を基本としている 。

福岡市・天神地区の街路樹計画

明治維新により、欧米都市文化の影響の一つとして、都市に街路樹を植える文化が日本でも導入された。欧米諸国は、基本的には落葉樹の世界であるために、街路樹は日本でも落葉樹の採用が多い。しかし、日本では、常緑樹と落葉樹という二つの植物相を持っている。

福岡市天神地区の街路樹計画には、他の都市にない独自の大きな特色がある。天神地区は、単一の樹種を均等に配置する街路樹計画では無く、①常緑樹をベースとして多彩な落葉樹を植栽して、②樹木の植栽位置が均等では無くランダムに配植されている。

こうした他の都市に無い街路樹植栽方式は、①地域の植生の特徴を都市空間に導入し、②微妙な日本の四季の変化を都心部においても演出している。九州一の繁華街において、自然に近い緑空間を表現することで、天神地区は落ち着いた商業空間を演出することに成功している。

右／福岡市天神地区の風景：福岡市天神地区の街路樹は、常緑樹を中心とした街路樹を歩道の自在な位置に配置している。

下／福岡市天神地区の街路植栽模式図

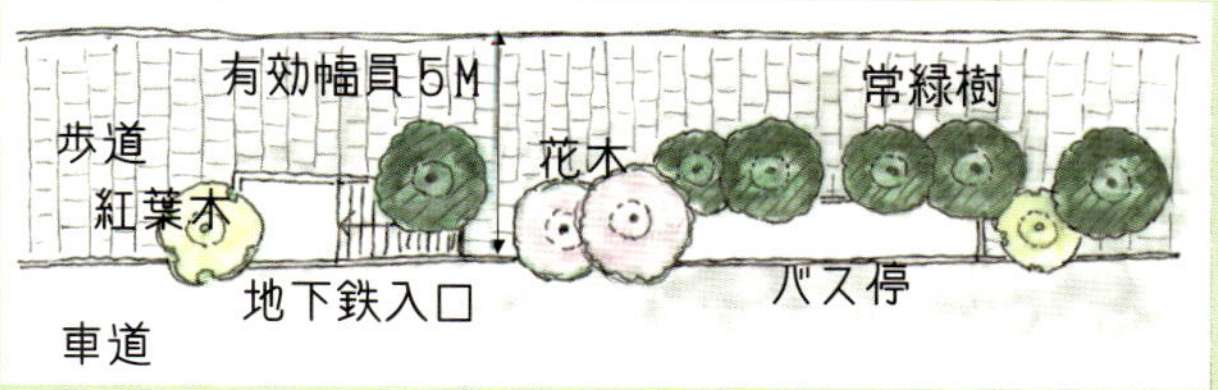

街路植栽の季節変化

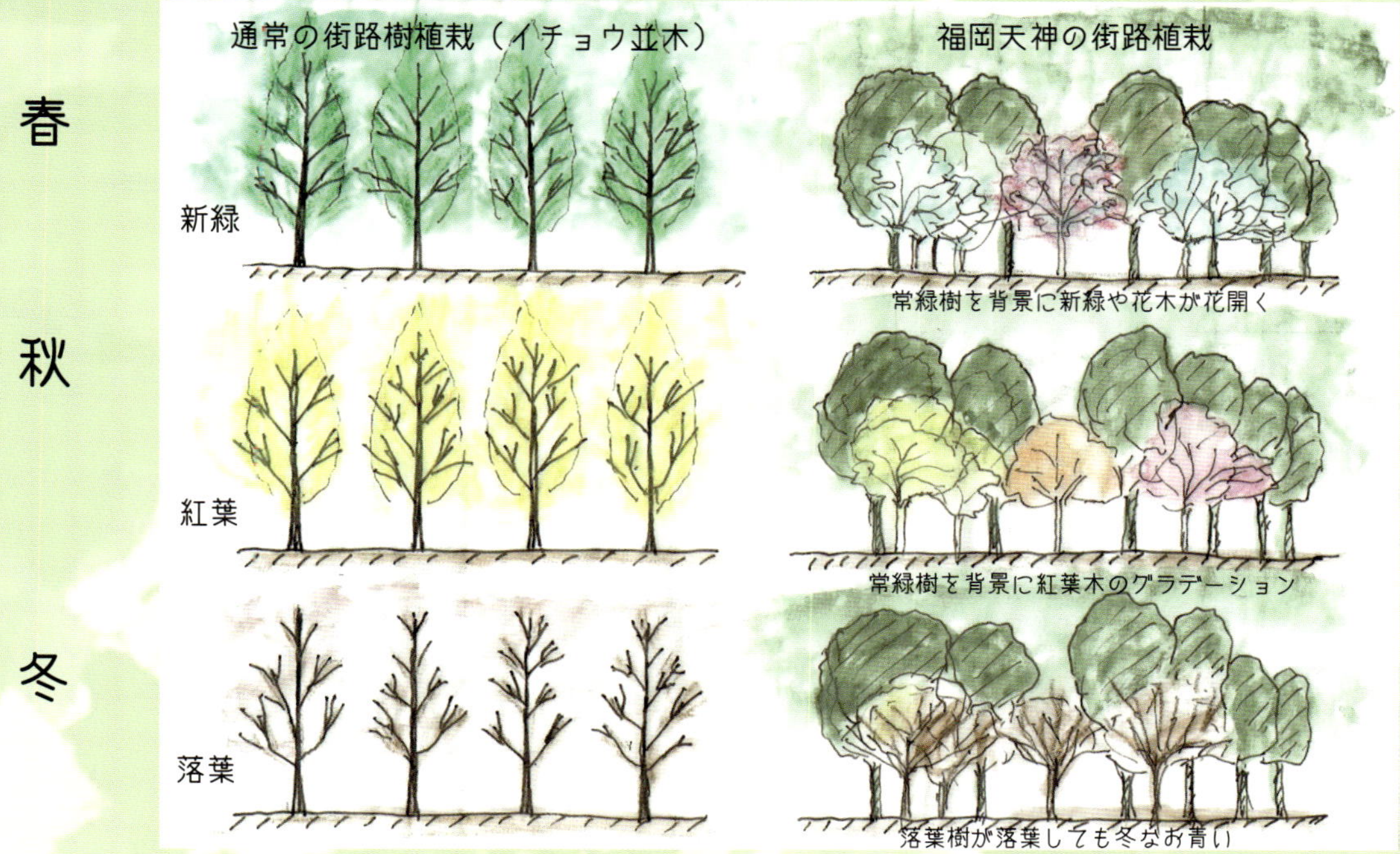

左上／道路と公園の緑が一体化した歩行者空間：公園に隣接する道路の歩行者空間と公園の境界部分とが一体的に計画されると、都市の緑量確保と快適な歩行者空間の向上という、緑と道空間の相乗効果が期待できる。

左下／道路の歩行者空間と一体化した公園：公園の道路歩道側に柵を設置すること無く、歩道の歩行者空間を公園に広げていることが、都市内のゆとり空間となっている。

右上／都市に融合する公園：公園の外周を必要以上に柵や緑で囲うこと無く、公園の緑と周辺のまちなみとが景観融合する事が望ましい。

都市における公園・緑地

都市における公園・緑地の役割

都市における公園・緑地は、都市内の「緑の確保、屋外レクリエーションの場」という目的だけでは無く、人工物で成り立っている都市空間において、緑の景観演出の役割がある。公園・緑地周辺の建築・道路空間と緑空間とを融合させた、緑による街なみ景観の演出をする必要がある。このためには、公園の境界部ゾーンを、必要以上に柵で囲ったり、生垣等により周辺環境から公園を遮断する事は、公園が都市の中で閉鎖的な空間となってしまうことである。

また、公園・緑地は、非常時において地区の防災施設としても重要である。このため、非常時用の複数の水栓、仮設トイレの設置のために複数の汚水枡設置等の、非常時の給排水設備への考慮、また、非常用かまどに転用可能な施設設置等を考慮しておくことが必要である。

好ましくない事例

緑の壁：公園と道路との境界部分が“緑の壁”となり、公園の緑が都市空間を分断している 。

暗い緑：二重の常緑樹植栽かつ植栽間隔が近いために、緑が暗い空間を形成している 。

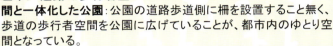

防災公園の計画事例

（東京都北区神谷2丁目の住宅密集地内の児童公園：神谷1丁目児童遊園）

■　公園整備計画

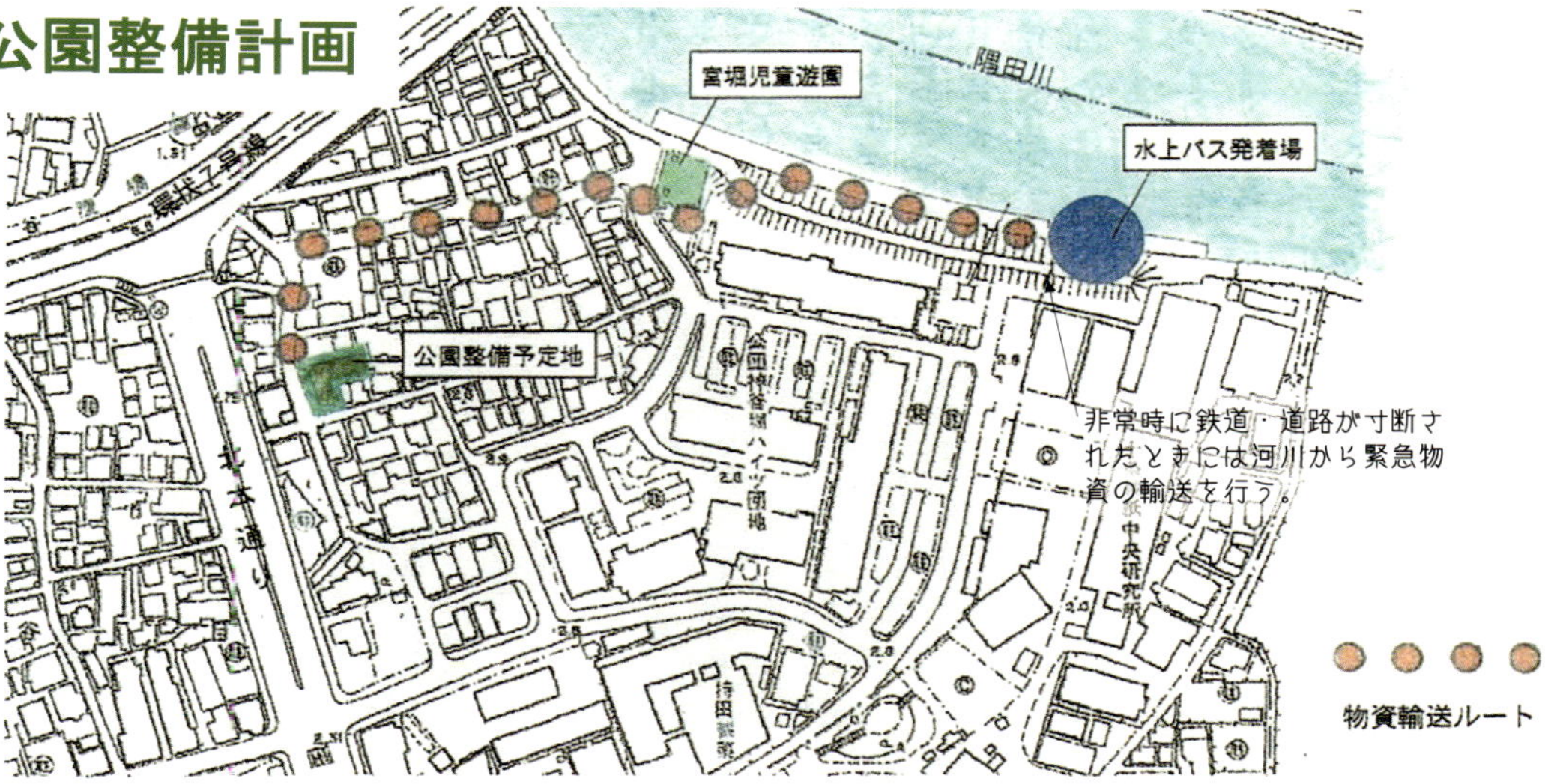

■　整備イメージ（s=278.5㎡）

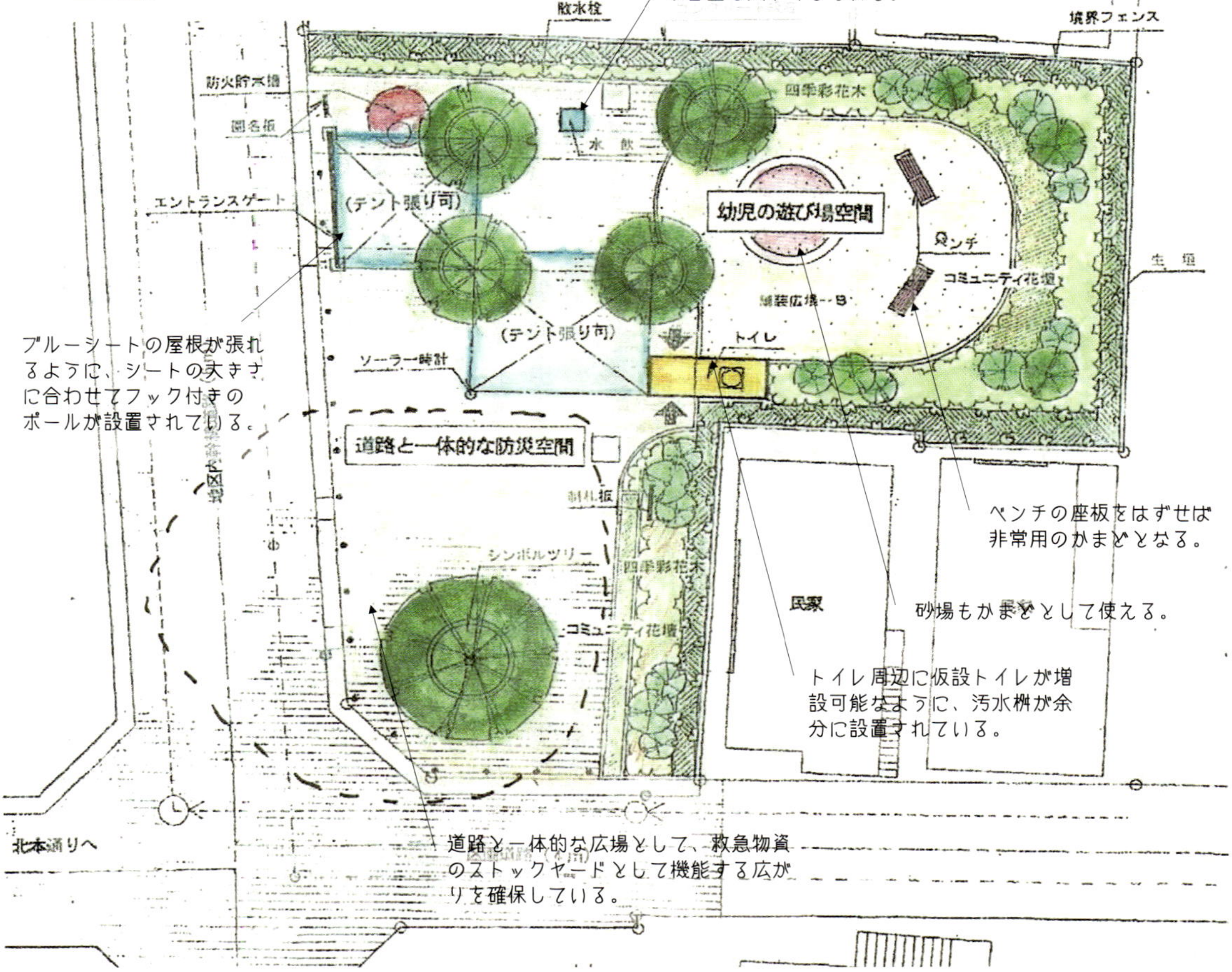

竹林内の石畳

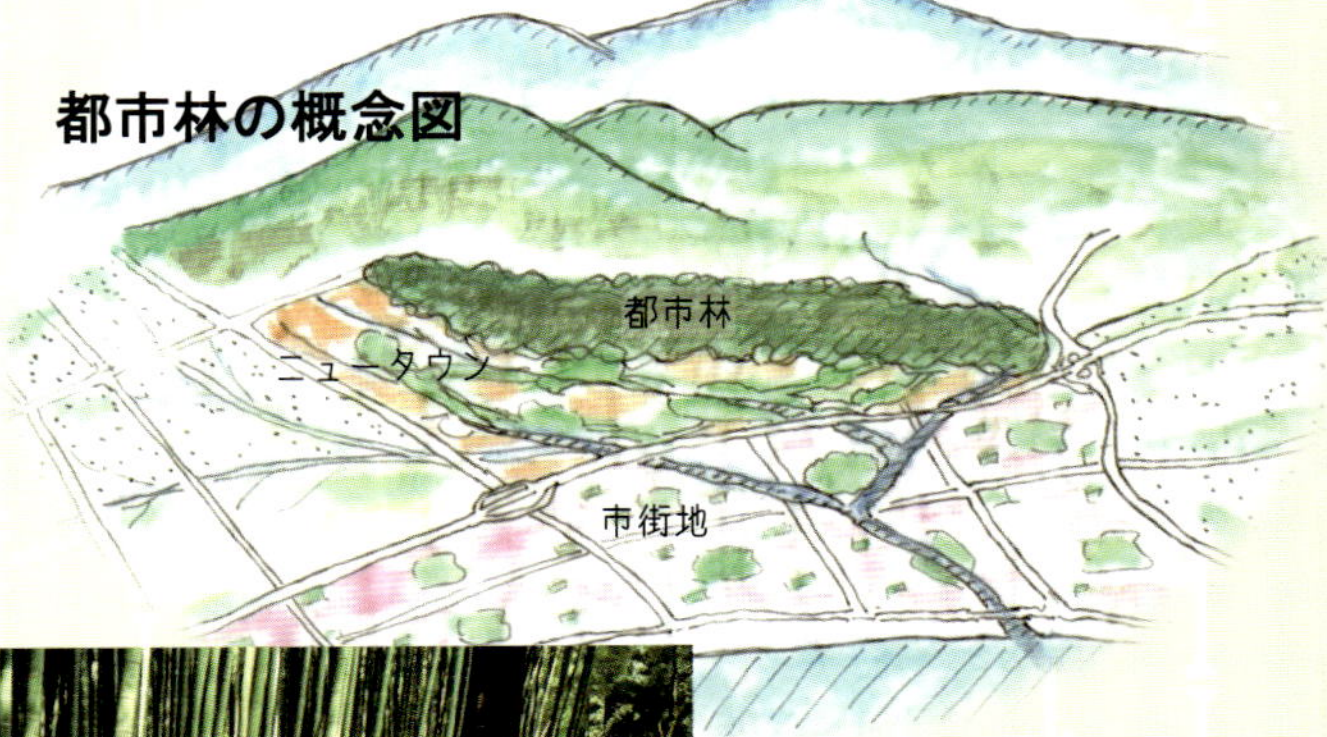

都市林の概念図

雑木林内の土居階段

竹林内の園路と竹柵

林内散策に必要な園路や階段の整備

都市近郊林の整備と活用

新たな里山

都市を取り巻く山や林は、かつては薪燃料の生産と堆肥材料の落ち葉採取のために、常緑林から落葉林の雑木林、あるいは竹林という植生（二次林）に置きかえられた。こうした二次林は、農業と結びついた「人の手が入った里山」という形態で維持されて来た。しかしエネルギーや農業の産業構造の転換により、都市近郊の山林は人の管理から放置されることとなった。

こうした都市近郊林は、現在においては人々の屋外レクリエーションの場として活用するために、「新しい里山・都市林」としての再整備が求められている。このことは、「農業と結びついた山林」から「都市と結びついた山林」への利用機能を転換することである。

この『都市林としての機能』を果たすために、「新しい里山・都市林」は、都市住民にとって快適な山林のなかで、散策や子供達の遊び場利用等に必要な『施設整備』と、落葉樹林を維持するための『植生管理に必要な整備』を行う必要がある。

自然林内の遊具設置事例

自然林内の子供の遊び場整備

自然林での子供達の遊び

ニュータウンにおける保存緑地（二次林）の整備

二次林の整備

丘陵地の開発で保全された二次林を都市林として活用するには、二次林の再整備が必要である。本来の常緑林を人為的に雑木林としてきた二次林は、人の管理がなくなると、元の常緑林へと遷移していく。その遷移過程では、落葉林と常緑林との混在林となっていく。この「荒れた二次林」を自然レクリエーション目的の「美しい林」に再整備する必要がある。この整備内容は、①人的管理が放棄されている二次林に対して、その活用目的を明確化した植生区分をする。②管理が放棄され密生した二次林に対して、間伐を実施して明るい林を創る。③下草を刈り、明るい林床を創り、見通しの良い林とする。こうした整備は、生産目的ではなく、自然のレクリエーションを目的とした「新しい里山整備」と位置づけられる。

放棄された里山：里山管理（間伐・下草かり）がなされなくなり、雑木林から常緑樹林に遷移する様子

広大な二次林を維持するために必要な間伐・下草かりは、行政管理では限界があり、地域住民の住民管理が不可欠である。さらに、住民管理を誘発するような整備が必要である（やぶの林では無く、“美しい林”を見せる）。また、特に園路整備には、森林管理に必要な最低限の作業機械が通行可能な園路幅をとる必要がある。

新たな里山整備

① 植生管理のためのゾーニングの明確化

② 間伐・下草刈りによる“明るい林”への整備

植生区分のための柵設置
（竹林と雑木林との区分の明確化）

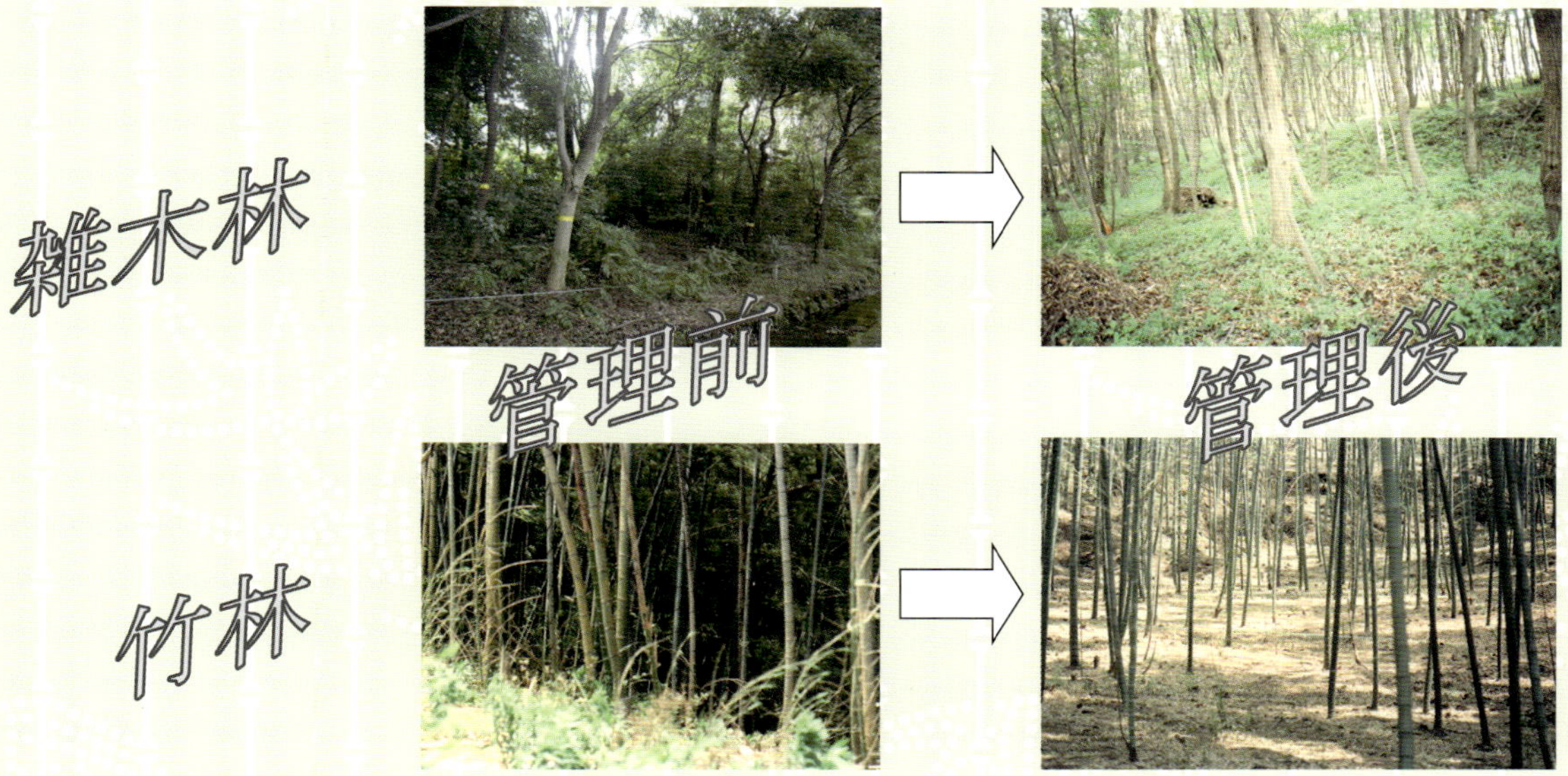

N. Fujiwara

四之二　「水空間」の計画

緑は一年間の四季の変化を表現するが、水面の魅力は、一日の太陽の動きや、風や雨の模様を水面に映し出すという**気候現象の変化を反映**する。**水は生命生息の基本**でもあり、水は多くの生物の命を育んでいる。水面は多くの生物相の観察の場でもある。都市的スケールにおいては、河川は水辺の緑や建築を水面に映し出すという独自の都市景観特性を持つ。水の景観は水単独で演出されるのでは無く、緑や道、建築と一体となって、**都市の水景観**となる。

日本の水環境は、欧米諸国に比して大きな特徴を持っている。日本は、世界の先進国の中でも珍しい多雨国である。多雨国でありながら、アジアモンスーン気候帯の中で、梅雨時や台風時の豊水期と、冬場の渇水期と降雨量の差異が大きいことが特徴である。この日本の降雨条件により、**日本の河川の特徴**は、年間の水位の上下が著しいために、都市河川は護岸を石材やコンクリートでハードに固めざるを得ない。このために、意識して河川整備時に緑空間を付加しなければ、都市河川は構造物だけの固い景観となってしまう。水面近くに**水辺のプロムナード**を整備する際も、急激な水位の上昇に対する安全対策は不可欠となってくる。また、都市化による地表の雨水の浸透能力の低下による都市の洪水の防止の目的施設として**調節池・調整池**が河川・下水道施設として整備された。こうした治水施設は都市内に広い面積を占めるために、平水位時での公園利用が図られる。このことが地域的スケールで検討されたのが、千葉ニュータウンの治水事業である。

自然の降雨の影響を受ける、河川や調節池・調整池の水位は季節により大きく変動する。このため、ニュータウン事業では、地域の水環境の再編成において、河川や下水道整備とは切り離した、自然の降雨条件に左右されない親水目的だけの「**せせらぎ計画**」が意図された。このせせらぎ事業の代表が、横浜・港北ニュータウンのせせらぎ計画である。

水面の四次元性の魅力

川や湖の水面は、日々の気候の変化に合わせて様々な表情を見せてくれる。晴れた日には、光が水面に反射して、水はきらきらと輝いている。雨の日には、雨垂れがさざなみとなって川面を覆っている。水面は日々の光・風・雨・太陽の動きを増幅して映し出す。また、水は小さい障害物に対しても、大きな変化を見せるのが特徴である。

水面における光と水のハーモニー

段差にはじける水面

水面の変化

光や風・雨・太陽の動きを映しだす、水面の様々な変化を見ているだけでも、一日飽きることはない。

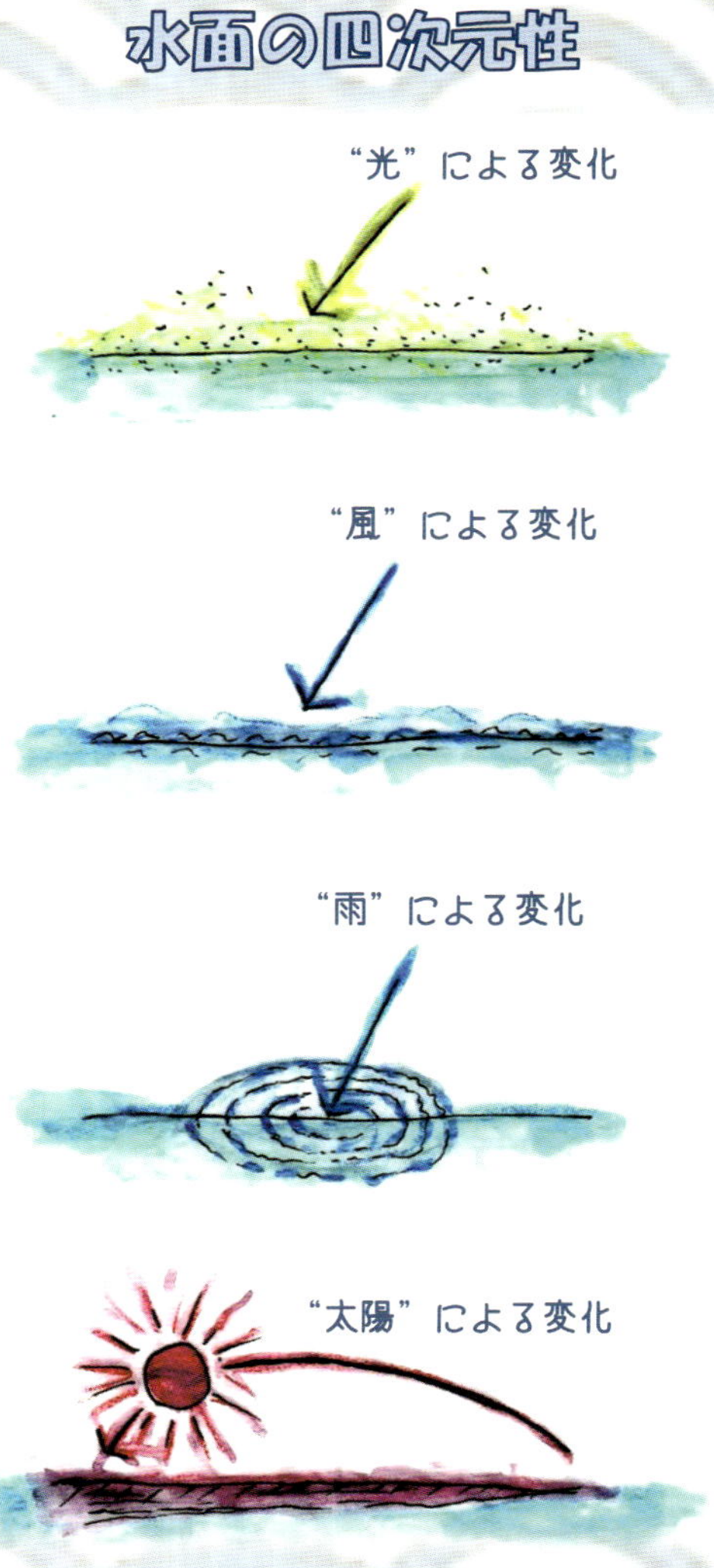

水面の生物多様性

水は生命の源であり、生物生息の基本である。水面の景色は、森の中より視界は広がり、水面や水中の生物観察が容易に出来る。

福岡市・大濠公園内の生物生息

水面の生き物達を親しむ

福岡市の大濠公園は、福岡城の外堀の湿地を埋め立てて人工的に造成された公園である。現在では、大池の豊かな水面が、水鳥を始めとして多くの生物を育んでいる。

水空間の景観構造

日本の水空間

日本は、世界の先進国の中でも稀な多雨国である。このために、日本の風土・文化は、降雨とその結果生じる水の情景を抜きには語れない。また、日本には季節の変わり目には必ず雨期が存在する。こうした日本の水環境により、日本人のデリケートな四季の感覚や晴雨の感覚が育てられてきた。

「雨の国」である日本では、雨も水も私達の貴重な景観資源として捉え、文字どおりの「うるおいのある街づくり」を進めるべきである。

水辺の演出

水・緑・道空間の構成による景観演出

水・緑・道空間がバランスよく構成されていると、良好な景観と快適な歩行者空間が創造される。

情感豊かな都市スケールの水系空間

河川に橋や樹木、建築物が組み合わされることで、その都市独自の情感豊かな水系景観が演出される。

水辺の演出

街中の水路も水辺に植物を配置することで、水路も景観として演出される。

ない事例

固い水辺空間：ハードな水路と舗装だけでは、水景観までに昇華されない。

水空間の景観構造

街なかの水路から河川までの水空間は、水単独だけでは、都市景観の演出というレベルまでには発展しない。水空間と建築空間、あるいは緑空間や道空間との組み合わせにより、情感豊かな水景観を演出する。特にハードな建築・土木空間に囲まれる水空間は、緑空間を的確に組み合わせることが重要である。

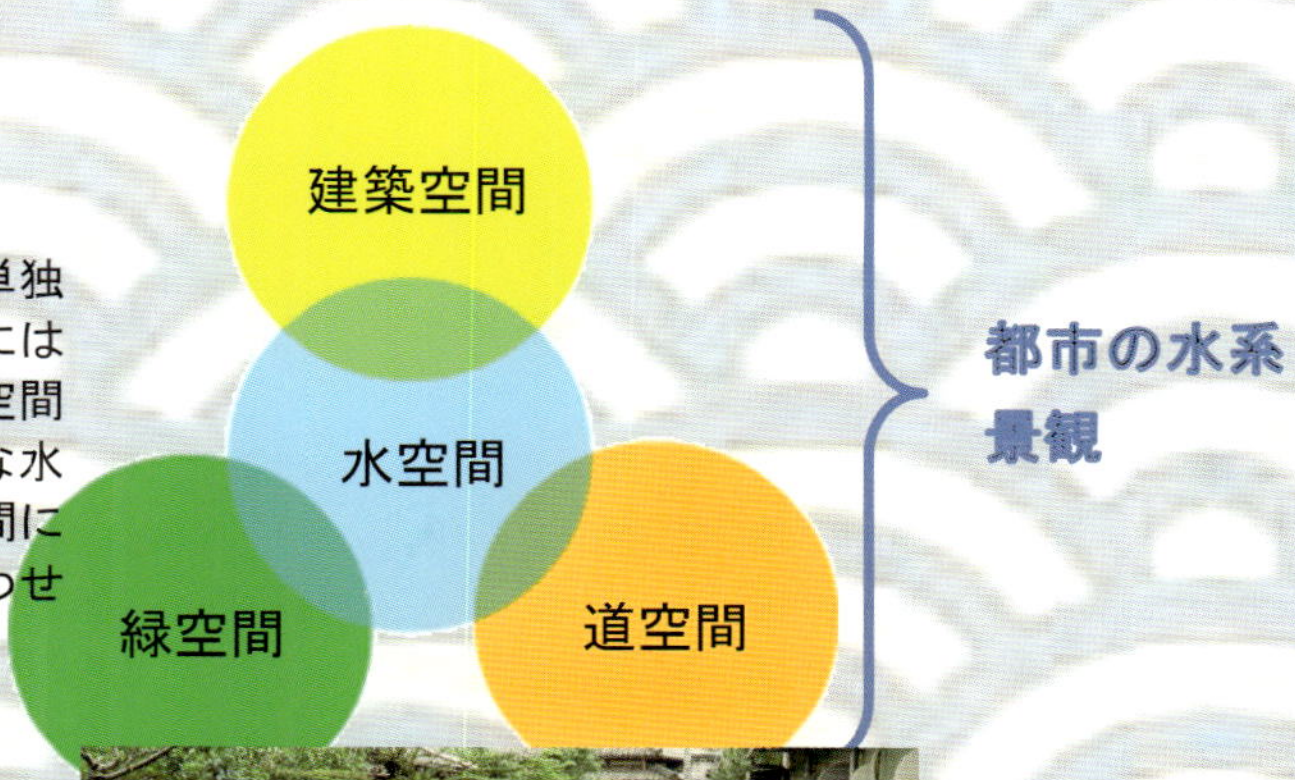

水系景観

河川と建築・緑・橋梁とが一体となって演出される水系景観。

水空間と道空間の組合せ

道に水路が付帯される事は、人と水との触れ合いがあり、オープンスペースとしての空間的な広がりがある。また、災害時には、防災避難路として有効である。

水空間と建築空間の組合せ

優れた建築造形は、水辺にその姿が映し出される事で、よりその美しさを増し、水景観が幻想的になる。

水空間と緑空間の組合せ

いわゆるカミソリ護岸の河川でも、緑が配置される事で景観に変化を与え、樹木に鳥や昆虫が飛来し、緑と水の生態的なサイクルが始まる。

好ましく

ハードな水空間

日本の都市河川は急激な水位の上下があるために、構造物で固めざるを得ず、固い景色となる。これを防ぐために、水空間に緑空間を加味させる柔らかい空間づくりが大事である。

河川の修景・親水計画

河川の修景や親水を考える

日本はアジアモンスーン地帯に位置し、先進国の中でも珍しい多雨国である。河川の修景・親水計画、調整・調節池の公園利用、及びせせらぎ計画の立案に共通して言える課題は、年間を通じた降水量が平均していない事である。日本は梅雨・台風どきの豊水期と冬場の渇水期との降水量格差が大きい。よって、治水施設の水位の季節落差が大きくなる。このことが、治水施設の親水計画にとっての最大の課題である。

河川における修景・親水計画のポイントは、①水辺の並木の整備、②親水拠点の整備、③水辺のプロムナード整備のあり方、が主要な事項である。緑豊かな水空間を整備するために、護岸上に並木を植えるが、河川空間には伝統的にヤナギや桜を植栽する事例が多い。親水部は、人と川が直接にふれあう部分であるが、河川は季節の水位の落差が大きいために、親水部分は拠点的とならざる得なく、河床にまで辿りつくために階段状の施設整備が必要となる。川床に水辺のプロムナードを整備する際は、急激な水位の上昇という水辺の安全性に十分に考慮する必要がある。

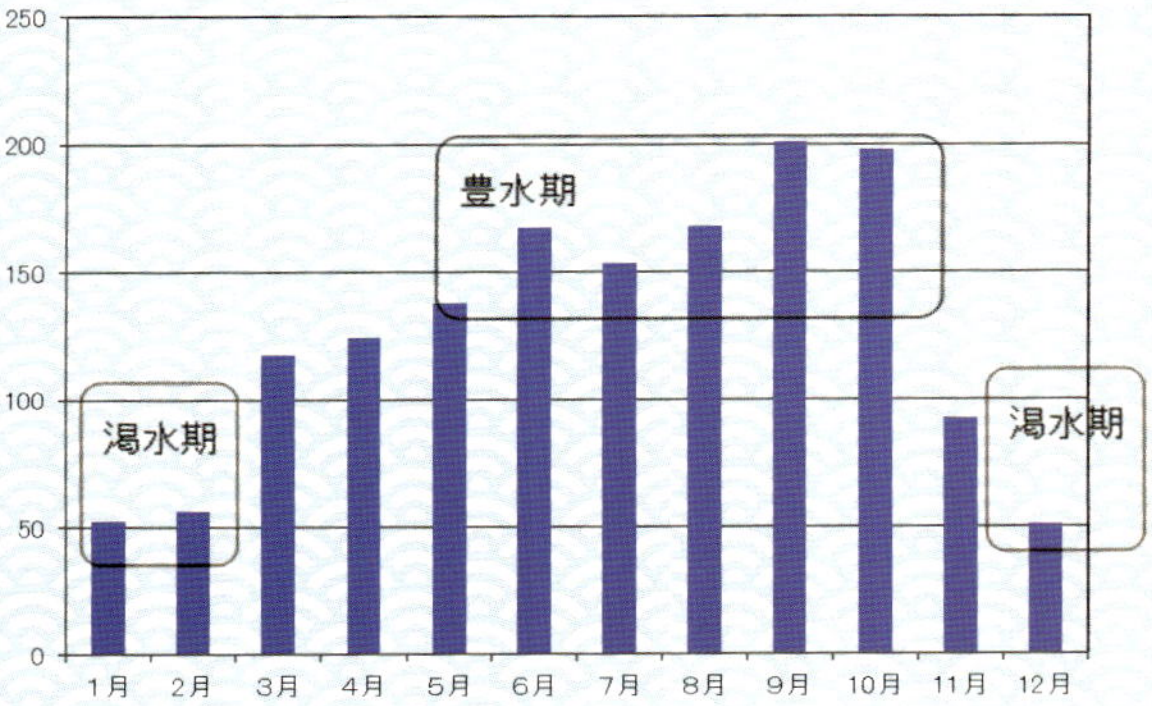

東京の月間降水量の変化
1981年～2010年の平均値（理科年表　平成25年版）

親水拠点

護岸のプロムナード

水辺の並木・ヤナギ並木

水辺のプロムナード

日本の都市河川は、梅雨どきの雨期には急激に水かさが増すために、河床にプロムナードを整備すると路面がしばしば冠水する。このために、プロムナードの路面は、石材やコンクリートのハードな舗装材にせざるを得ない。木製デッキ等の材料を使用するときは、木部のすべり止めや水が引いた後の腐食防止には、設計上で十分な配慮が必要である。

また、日本の都市河川はこの急激な水位の上下のために構造物で固めざるを得ないために、ハードな景観となる。水空間に緑空間を加味させた柔らかい景観づくりが大事である。

増水時の安全対策の事例

護岸のプロムナード・河床のプロムナード

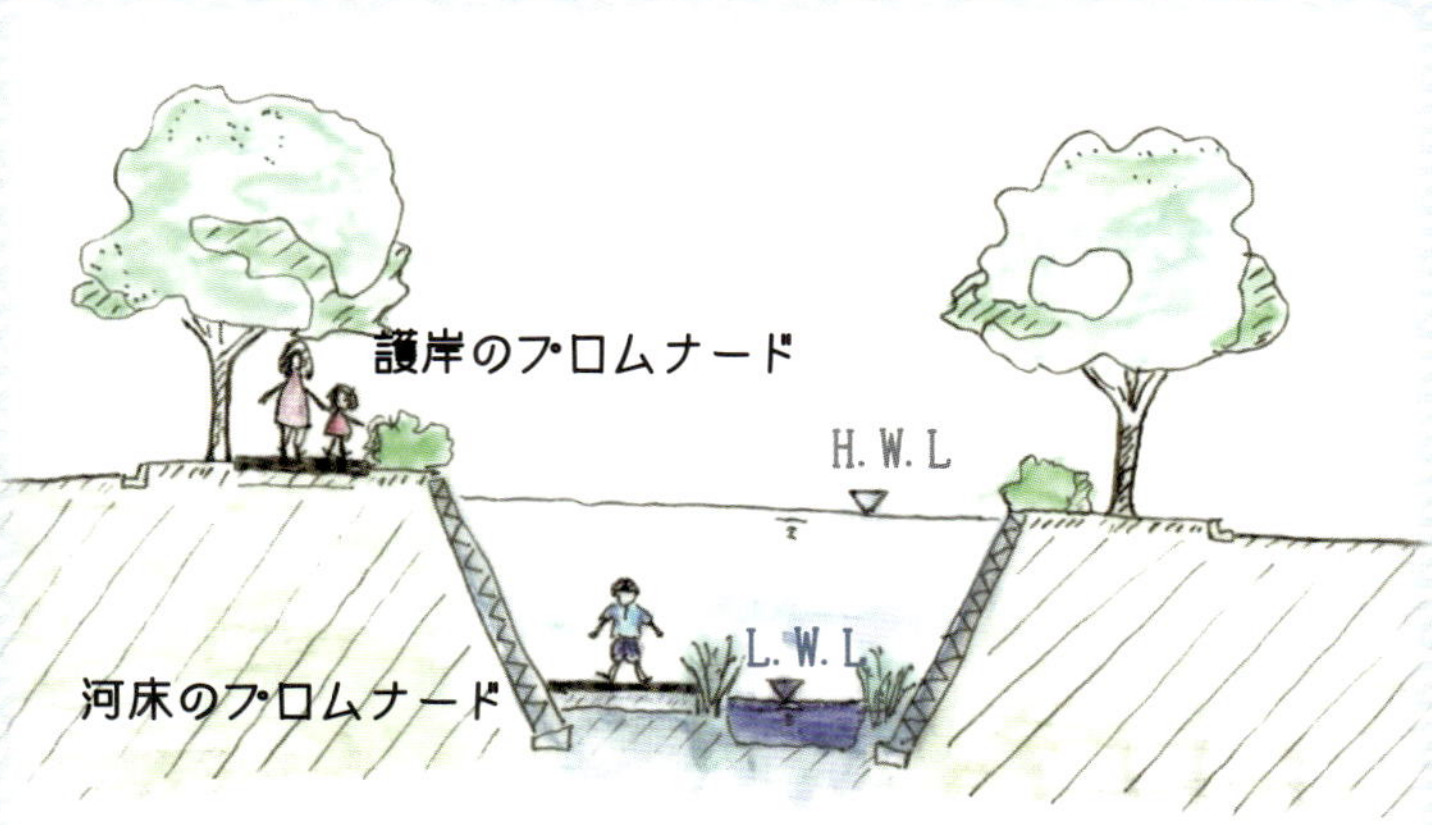

川床のプロムナード・整備事例

木製材料の通路は、水際への足元の滑り止めや、浸水後の水はけ処理のために板材はすきま張り等の配慮が特に必要である

調整・調節池の公園利用計画

調整・調節池の公園利用

市街地に調整・調節池を整備すると、その必要面積が広いために、下水・河川用地と公園用地を兼ねて土地利用される事例が多い。調整・調節池の公園利用のためのゾーニングは、洪水時にも浸水しない公園ゾーンと、洪水時には浸水する親水ゾーンとに区分される。

調整・調節池の公園利用計画のポイントは、池を回遊して散策するような「現代の回遊式庭園」の構造が理想的だと考えられる。調整・調節池は、洪水時に一時的に雨水を溜めて洪水調整するという治水施設であるために、平常時には、水面は利用者から深く遠くなる。また、洪水時には瞬間的に水位が上昇するという施設である。調整・調節池の親水ゾーンの設定には、増水時の安全処理が最も重要となる。このために、親水ゾーンの場所は限定的とし、増水時の危険性表示看板や警報装置を必ず設置する必要がある。

※大雨による洪水を調節する目的の都市内の池は、下水施設は「調整池」、河川施設は「調節池」と管理者によって区分されている。

千葉ニュータウン周辺の大水系図（千葉ニュータウン関連河川・調節池計画図）

千葉ニュータウンは平地に整備されたニュータウンであるために、河川の勾配が弱く流下能力が低い。このために、開発にあたっては、ニュータウン内には多くの防災調節池が整備された。調節池を治水施設として利用するだけではなく、地域の大きな水系と個々の調節池との関係を、ランドスケープの視点から位置づけようとの試みがなされた。

調整池の公園利用の計画例

洪水時に冠水する1/50 ライン上には、利用者が、視覚的に洪水時水位位置を理解できるように、柵等を設置する。この1/50 ラインの外周に、調整池の周囲を取り囲むように散策路を整備し、この散策路沿いに周辺の“水と緑の変化する風景”を楽しめるよう、植栽や施設整備を行う。調整・調節池を辿るアプローチは限定的とし、外柵からの入り口には、「調整池利用及び注意看板」を設置し、洪水時には侵入口が閉じられる処理とする。なお、1/50 ライン内の範囲の植栽設計は、水位の上下が著しいので、「河川等の植栽基準」を踏まえ、樹種の選定に配慮する必要がある。
※1/50 ラインとは50年に一度の洪水確率の高さを示す 。

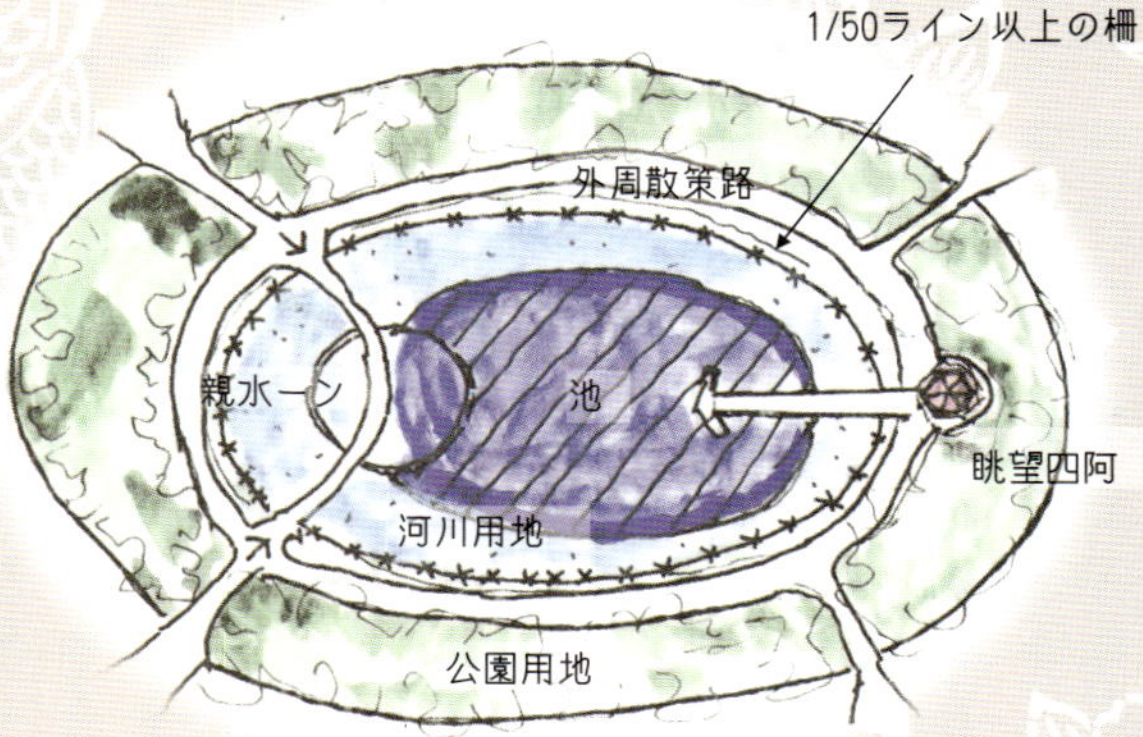

調整・調節池の公園利用の概念図

調整池公園利用の案内板事例

調整池の周辺の柵設置：調整・調節池は治水施設なので、洪水時エリアは侵入防止の柵を設置するが、連続する柵が極力目立たないように工夫する必要がある。

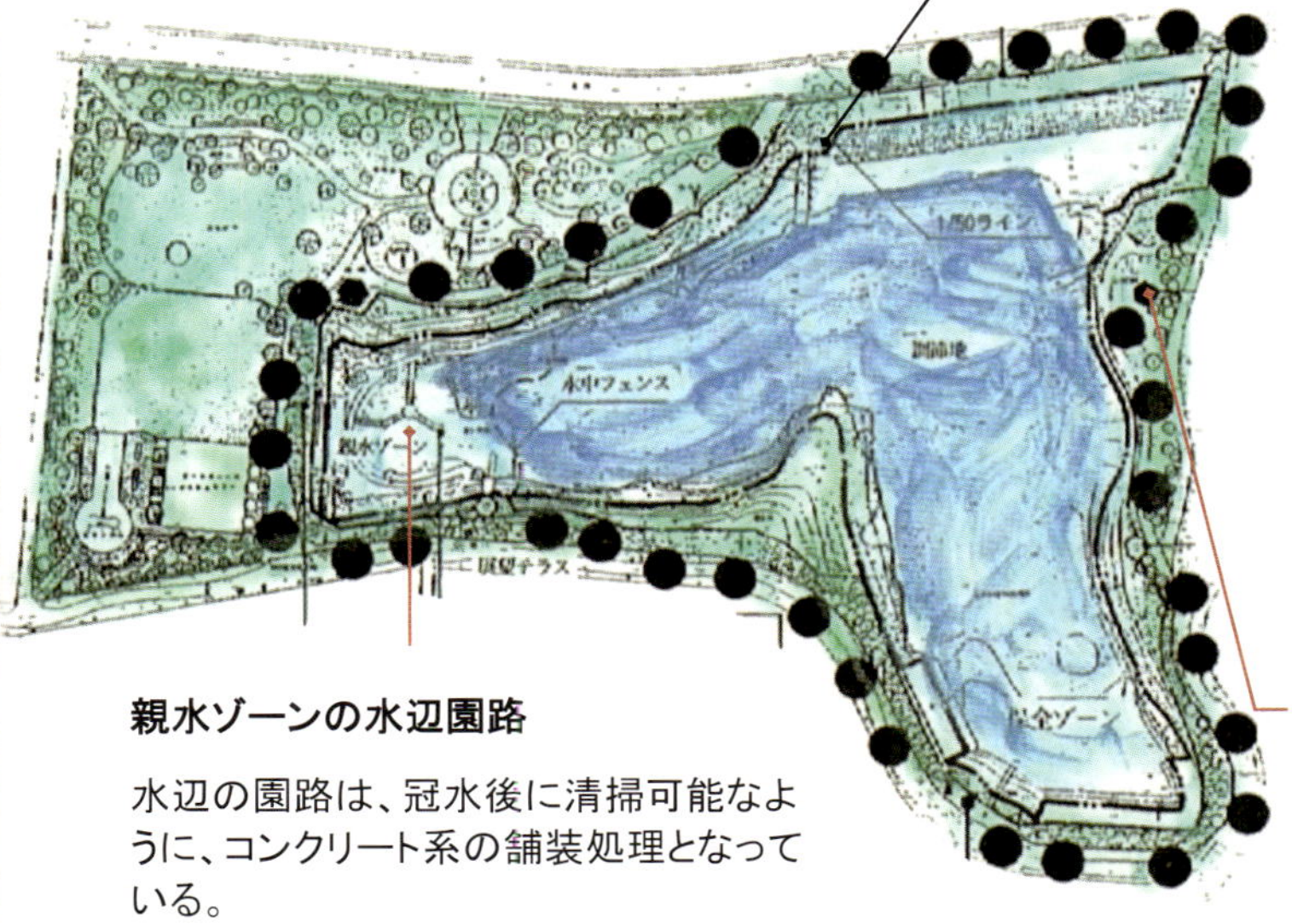

親水ゾーンの水辺園路

水辺の園路は、冠水後に清掃可能なように、コンクリート系の舗装処理となっている。

**調整池全体を眺望する四阿
（公園用地内設置）**

**調整池全体を眺望する四阿
（河川用地内設置）**

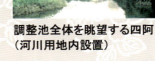

せせらぎ計画

せせらぎ計画の立案

本稿で取り上げる「せせらぎ」とは、河川や下水道計画には含まれない、浅い瀬や小さい流れを意味する。都市のうるおいや、修景、あるいは親水を目的として、降雨量の季節変化によって水量を大きく変動させないように水量調整した、都市内の水系ネットワークを「せせらぎ計画」と定義づける。こうしたせせらぎ計画は、公園緑地や道路のネットワーク計画と一体的に計画されないと、都市内に水系ネットワークを成立させることは出来ない。

せせらぎ立案にあたっては、せせらぎ水路断面の決定がまず重要である。水路断面の決定には、せせらぎ水路が整備される用途、求められる水景スケール、水源の水量、せせらぎ水路が受ける流域面積等を総合的に勘案して決定する。

伝統的街並みに残る水路

都市に上下水道が整備されるまでは、日本の城下町や宿場町には、利水目的の水路網が整備されていた。この水路網の整備技術を現代の「うるおいのある街づくり」に生かしたい

せせらぎ断面の基本構造

水道水や電力利用の動力で水を流すのではなく、自然導水で流下させるせせらぎ計画は、水路幅と水深で決定される水路断面と、流速とで流下水量が決定される。街なかのせせらぎ水路は、子供達の最も身近な親水空間となる可能性が高いために、幼い子供達の安全性に考慮した、水深と流速に十分に配慮する必要がある。

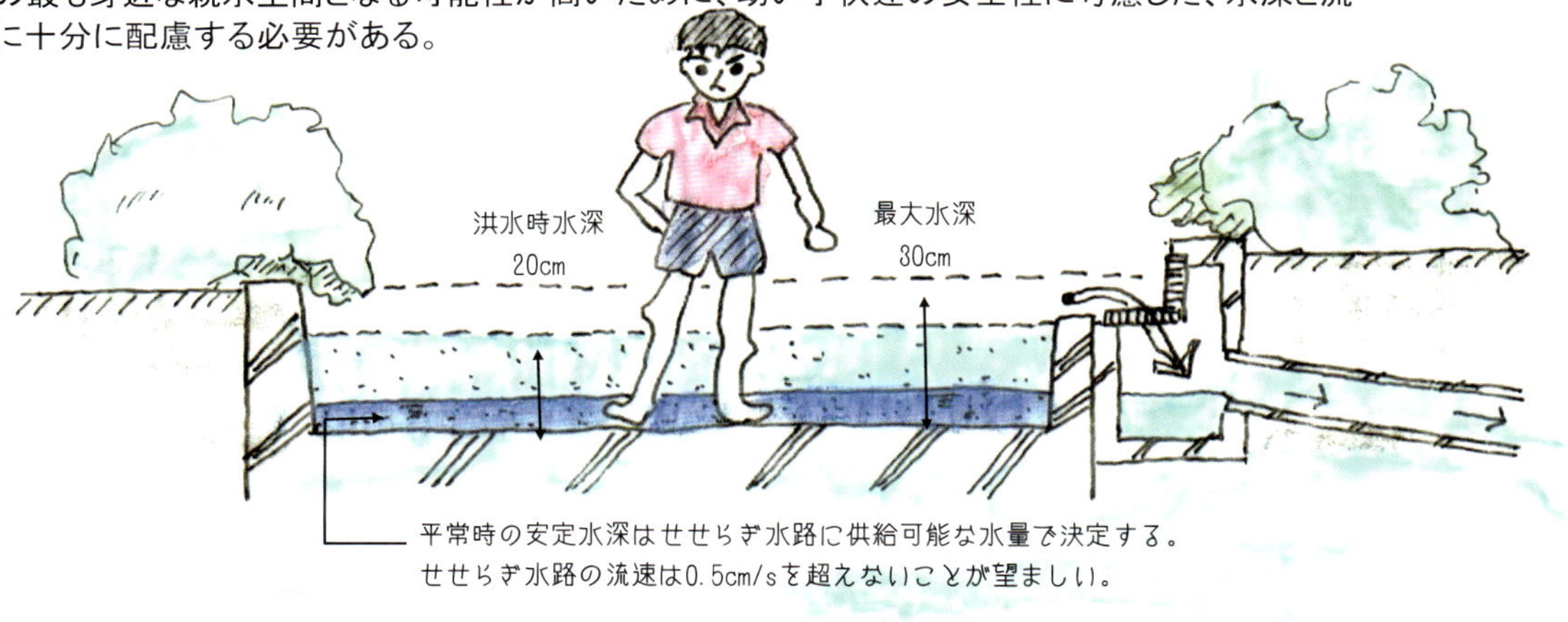
洪水時水深
20cm
最大水深
30cm
平常時の安定水深はせせらぎ水路に供給可能な水量で決定する。
せせらぎ水路の流速は0.5cm/sを超えないことが望ましい。

せせらぎ水路の事例

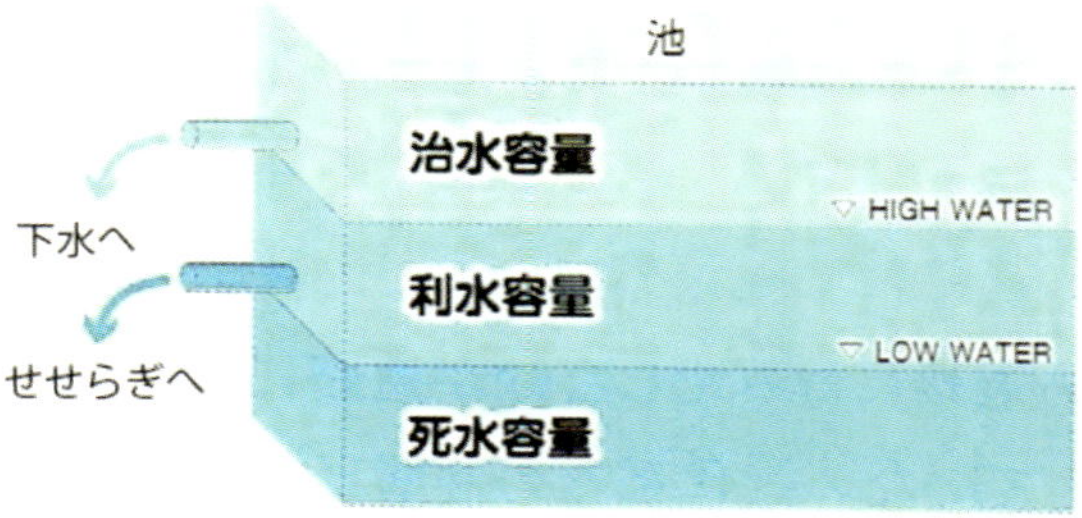

水源確保の方策検討（上流での溜池利用）

せせらぎ計画の水源確保のためには、自然湧水利用、上流における河川からの分水の他に、上流池の雨水貯留による水源確保が考えられる。降雨量の増減により、池からの流出量の変化を防ぐために、池の雨水量を貯留して、放流孔から少しずつ放流するシステムをとれば、年間を通じてせせらぎ水量の安定供給が期待できる。

ニュータウンにおける「せせらぎ計画」の技術的な検討

都市内において、自然の導水で流下させ、降水量に左右されないで安定的な水量を流すという、せせらぎ計画を実現するためには、水利的な検討が必要である。その技術的な検討の主要な項目は、①水源確保の方策、②せせらぎ縦断の検討、③洪水時の排水方策、が主たるものである。また、都市内を縦断するスケールのせせらぎ計画では、下水道計画との整合性を計っておく必要がある。

水源確保の方策検討

洪水時の排水方法

オリフィス事例

洪水時の大雨により、せせらぎ水路への流入量が水路の流下能力を超えた場合は、流下能力以上の水量を分水堰（オリフィス）を通じて公共下水道へ落とすようにする。このオリフィスが自動的に機能する構造となるように、デザインも含めた設計上の工夫が必要である。

せせらぎ縦断の検討

せせらぎ縦断の検討（多摩ニュータウン八王子地区のせせらぎ緑道の検討）

都市を縦断するせせらぎ計画には、せせらぎ水路ルートと水路縦断の検討が不可欠である。地形の高低差や道路の立体交差等の障害を解決するために、部分的には、暗渠による対応、サイフォン構造処理、及び水道橋構造の橋梁処理等の検討も必要となる。

せせらぎ緑道と集合住宅とが一体的に計画された。

せせらぎ緑道の計画諸元

計画延長　L=1,782m
計画幅員　6～35m（平均10m）
築池下流端標高　T.P.133.4m
せせらぎ最下流端標高　T.P.93.7m
標高差　39.7m
平均勾配　2.2%
計画縦断勾配　1.0%（せせらぎ部）
　　　　　　　1.0%（横断部）

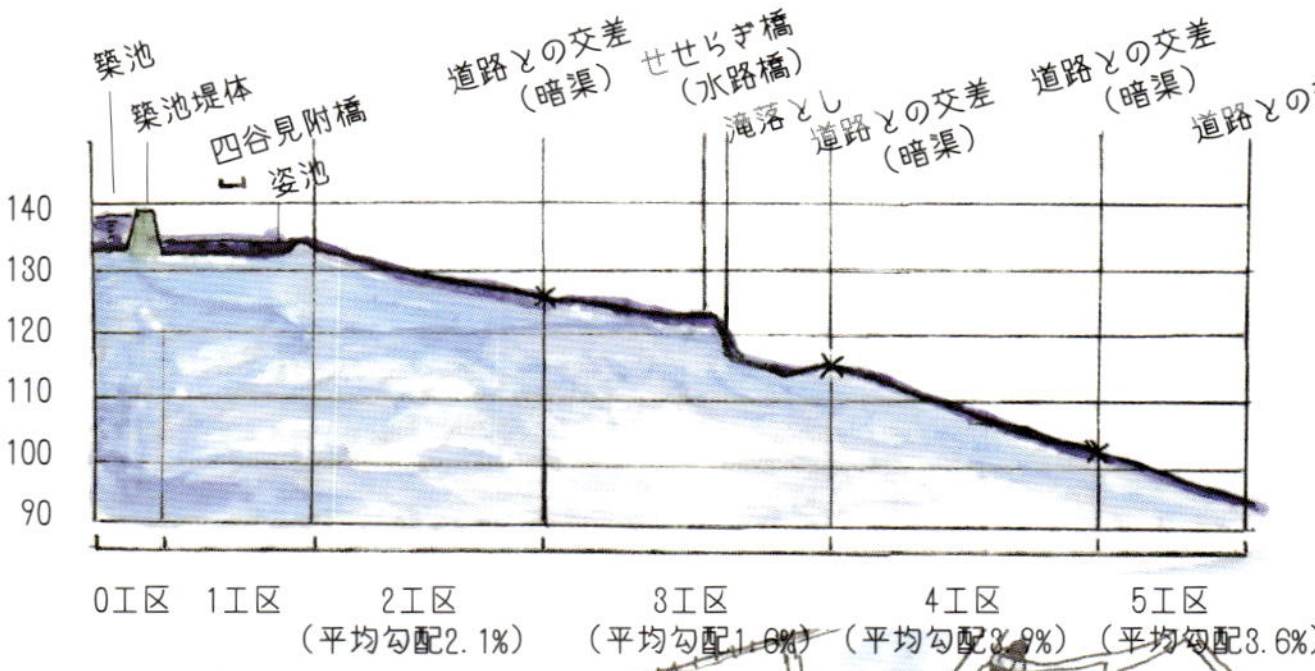

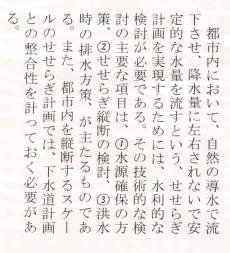

N. Fujiwara

四之三「道空間」の計画

都市内に豊かな緑や水空間が整備されると同時に、これらの空間をゆったりと歩いて感じられる歩行者空間が必要である。

日本は、都市の中からでも周囲の山が見渡せる山岳地形のために、日本の江戸期までの道空間は都市の外にある山を正面に据える、**山あて**の手法を大事にしてきた。明治後には、欧米諸国の道の正面に象徴的な建物や塔を道路のビスタとする**建物あて**の都市景観の考え方が導入された。日本の道空間は、「遠望の山と屋敷内の緑で都市の緑を充足し、沿道の建物景観を**受け入れる空間**」であり、道自体が存在を主張しないのが、道の**和の景観構造**であった。和の構造を保っている街なみに、過度の舗装デザインや樹木植栽で道自体の存在を主張することで、逆に景観が混乱している事例が多く見かけられる。

日本の道は、明治維新の開国と共に、馬車や自動車という交通手段に対応した道の機能を果たす必要が迫られた。このために、歩行者の安全処理のために、道路は車道と歩道の分離が図られるようになる。また、単に車道に付随した歩道空間では無く、**並木があるゆったりとした歩道を持つ大通り**（仏語：ブルバアル **boulevard**）を都市の基軸とする都市計画の考え方も欧米より導入された。さらに、道路の歩道

では無く、河川沿いのプロムナードや、緑道という形態で、車道に付随しない歩行者空間も整備されるようになる。特にニュータウンの整備では、自動車交通とは別に、歩行者専用の交通形態として**歩行者専用道路**（英語：**pedestrian**）が整備された。このペデネットワーク「車に出会うこと無く歩ける道」を持つ都市は、日本の都市計画の夢とも言えるものであった。このニュータウンのペデネットワークの整備のなかで、「人が歩きながら心地よい空間」の様々な検討がなされ、ヒューマンスケールと道空間との関係が追及された。一方、道路の歩車分離が進められていくなかで、通過交通の少ない住宅地内の道路には、道が本来持っていた「家の身近な庭的空間要素」を道空間に取り戻す、**歩車融合道路**（蘭語：**ボンエルフwoonerf**）の概念が、昭和五〇年代にヨーロッパから紹介された。この道路思想は、住宅地内の道路を歩車に機能分離するのでは無く、「歩行者優先の車道形態で、道を地区の環境整備の空間」として捉える思想であった。現在までの様々な道空間への試みに加えて、人口減少と超高齢化社会を迎えているこれからの日本においては、道空間が人のための空間として、より充実することが求められている。

上右／角館（秋田県）：武家屋敷の敷地から、ケヤキやサクラの大木が板塀越しに道にはみ出し、独特の城下町情感を演出している。

上左／杵築（大分県）：武家屋敷の塀は土塀であり、緑はクスノキである。敷地から顔を出すバショウが南国の城下町らしい景観となっている。

下右／近江八幡（滋賀県）：近江商人の屋敷跡から板塀越しに道に出ているマツは、いわゆる“見越しの松”である。

下左／日田・豆田町（大分県）：町人の街では、町屋には塀が無くなり、建物の表情や敷地内の緑が道にはみ出す。

道の和の景観

道の和の景観構造

日本の道景観を考えるに当っては、「道の和の景観構造」を認識しておく必要がある。近世に整備された日本の城下町等では、武家屋敷や町屋の敷地からはみだした緑が道路における緑空間を形成していた。中高層ビルが建ち並ぶ近代都市においては、道路に街路樹を植栽することが都市景観としては不可欠である。しかし伝統的建築物が並ぶ城下町等で車対応の道路拡幅に合わせて、街路樹が新たに植栽されることが多い。このことにより、日本の伝統的建築群の建築景観を阻害し、道前方の景色の見通しも悪くしているという「近代道路整備」と「和の景観」とのミスマッチの事例が全国各地で発生している。

「和の景観構造」の模式図

街の前方に山が見通せ、緑は屋敷から道に出ている。建物の周りには土塀か板塀があり、道に接する部位には腰積がある。また、道には水路が流れている。日本各地で、その地域産出の土と石材の色彩及び樹木の種類によりその地域の独自性が演出されている。

歩行者専用道路の計画

快適な歩行空間計画

日本では、ニュータウン事業等において、歩行者専用道路（pedestrian）等の歩行者空間のネットワーク網が形成されることとなった。

歩行者専用道路の計画では、単調な歩行空間の連続を避けることが重要である。歩行空間の計画上のポイントは、①人が歩きながら感じる視覚特性、②人の歩行スケール感への理解、が特に必要である。

道路と沿道建物との調和

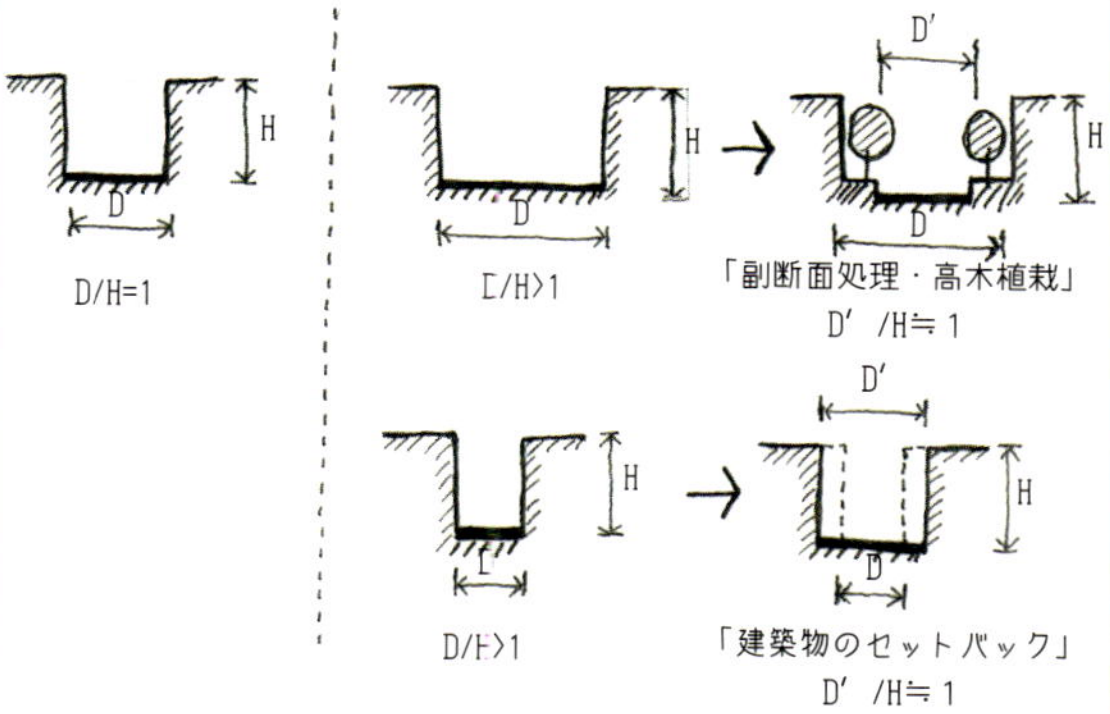

D/H:道路幅員と沿道建物高との関係

人が道を歩くときには、道路だけではなく、周辺の建物や前方の景色を見て歩いている。道路は平面であり、建物は立面である。この平面と立面で囲まれた空間が道路景観となる。道路景観や道の雰囲気は、道路幅員と沿道建物の高さとの関係が大きく影響してくる。レオナルド・ダ・ビンチは、幅と高さがが等しいこと、すなわちD/H＝1であることがD/Hの理想と考えた。このD/H＝1をひとつの理想基準と考えて、道路と建物との空間調和を考える。

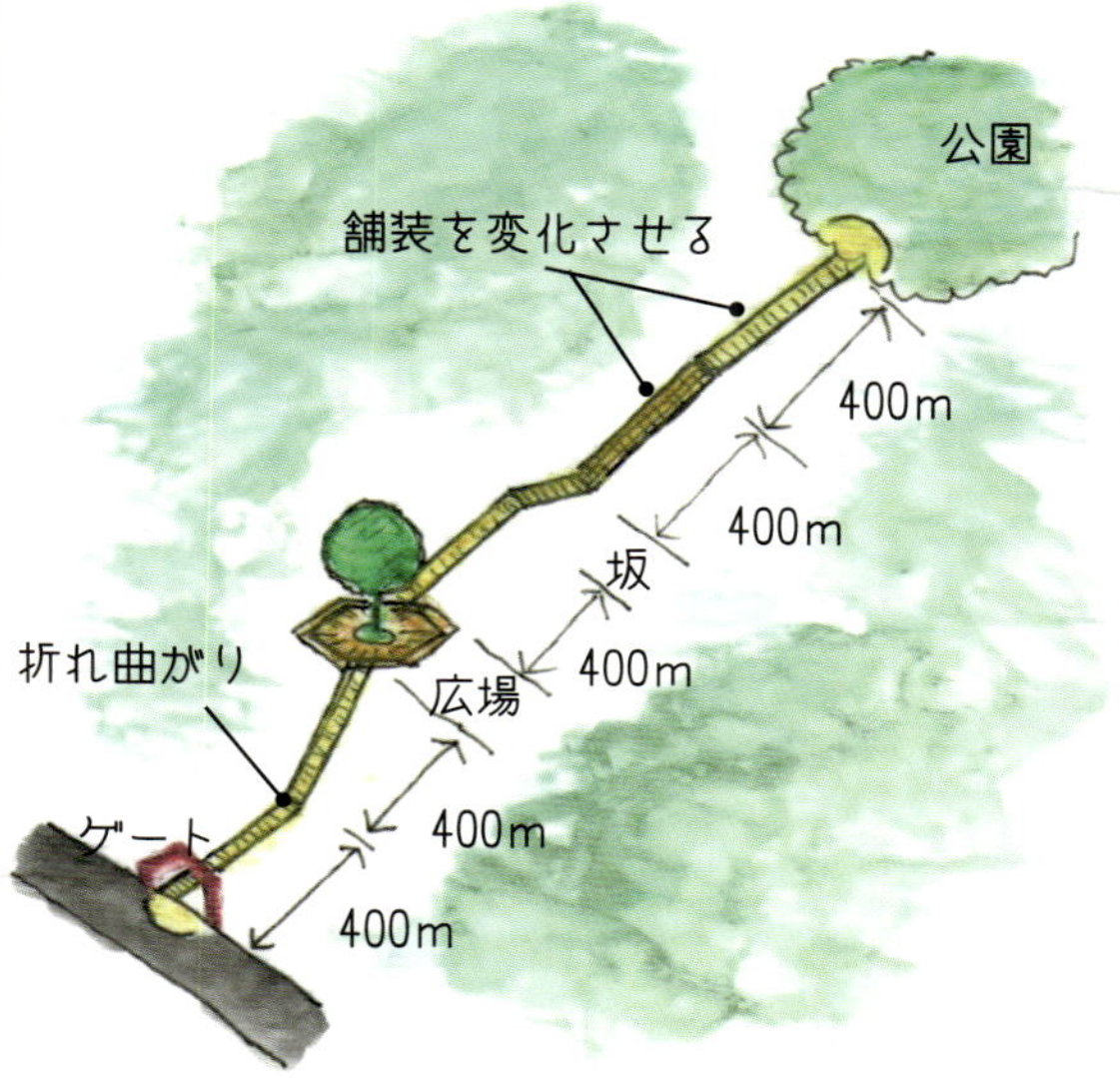

歩行空間の快適空間スパン

道路の歩行空間のデザインは、人の歩くスケールで変化していく空間をどう構成していくかにある。しかし、道路延長が長い場合は、空間は漠として捉えどころがない。そこで、長い道路延長を区切る“ものさし”が必要となる。その“ものさし”としては、①約400mの“抵抗なく歩ける距離（歩いていこうと思う距離）”、②約100mの“風景の変化を求める距離”の二つのスケール設定が考えられる。

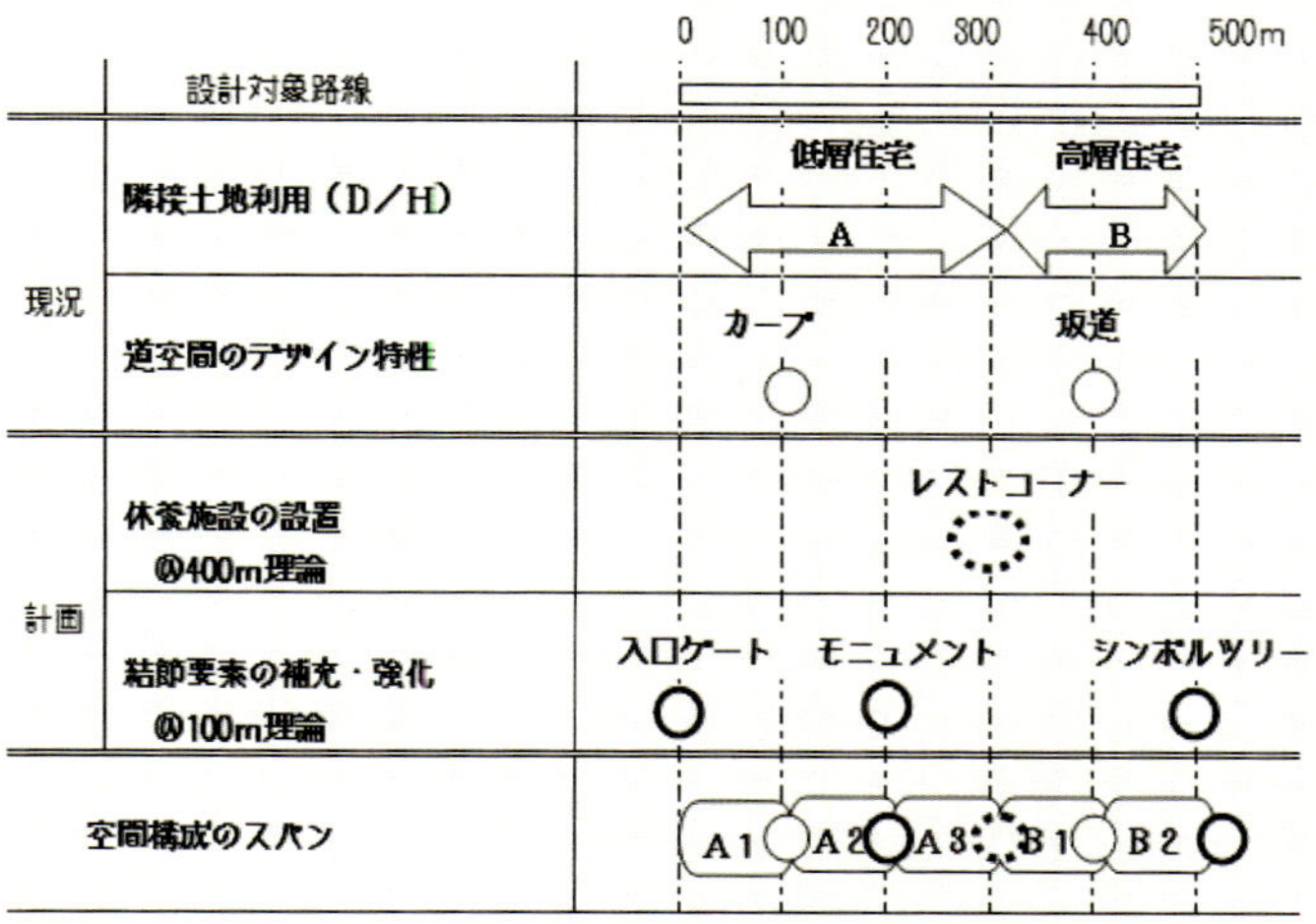

歩行空間の計画模式図

成人の歩行速度を時速4kmと想定すると、2kmの歩行者専用道路は、約30分の歩行距離となる。この2kmを400mで区分して5スパンの空間構造とする。

歩行空間の快適空間スパン

歩行空間の空間構造を、400m－100mの空間単位で分析した上で、空間構成する。

歩行者空間の景観特性

歩行者空間の景観特性　ー前方の景色ー

道の前面に何を据えるかは、道前方の景色の問題だけでは無く、道路を都市の基軸とした時の都市核としても重要となってくる。欧米の都市は、人工造形物を都市のビスタの核としている。パリのシャンゼリゼ通りは、ビスタの起点・終点に凱旋門とコンコルド広場の塔を配置している。これに対して、日本は、古来より山を道路正面の景観として設定してきた。これが、「山あて」の手法である。日本人にとっては、山は人の視線を受け止めてくれる景観だけでは無く、人の情感も受けとめてくれる対象であった。

“山あて”の歩行者専用道路

歩行者専用道路内に樹木を植栽しないで、前方の山を見せることで、安らかな道空間を生みだしている。

“建物あて”の道路

ロンドンのリーゼント通りでは、優れた建築物をビスタとしている。

“タワーあて”の歩行者専用道路

歩行者専用道路の軸線をタワーに当てて、都市的景観を創りだしている。

道の前方景観処理

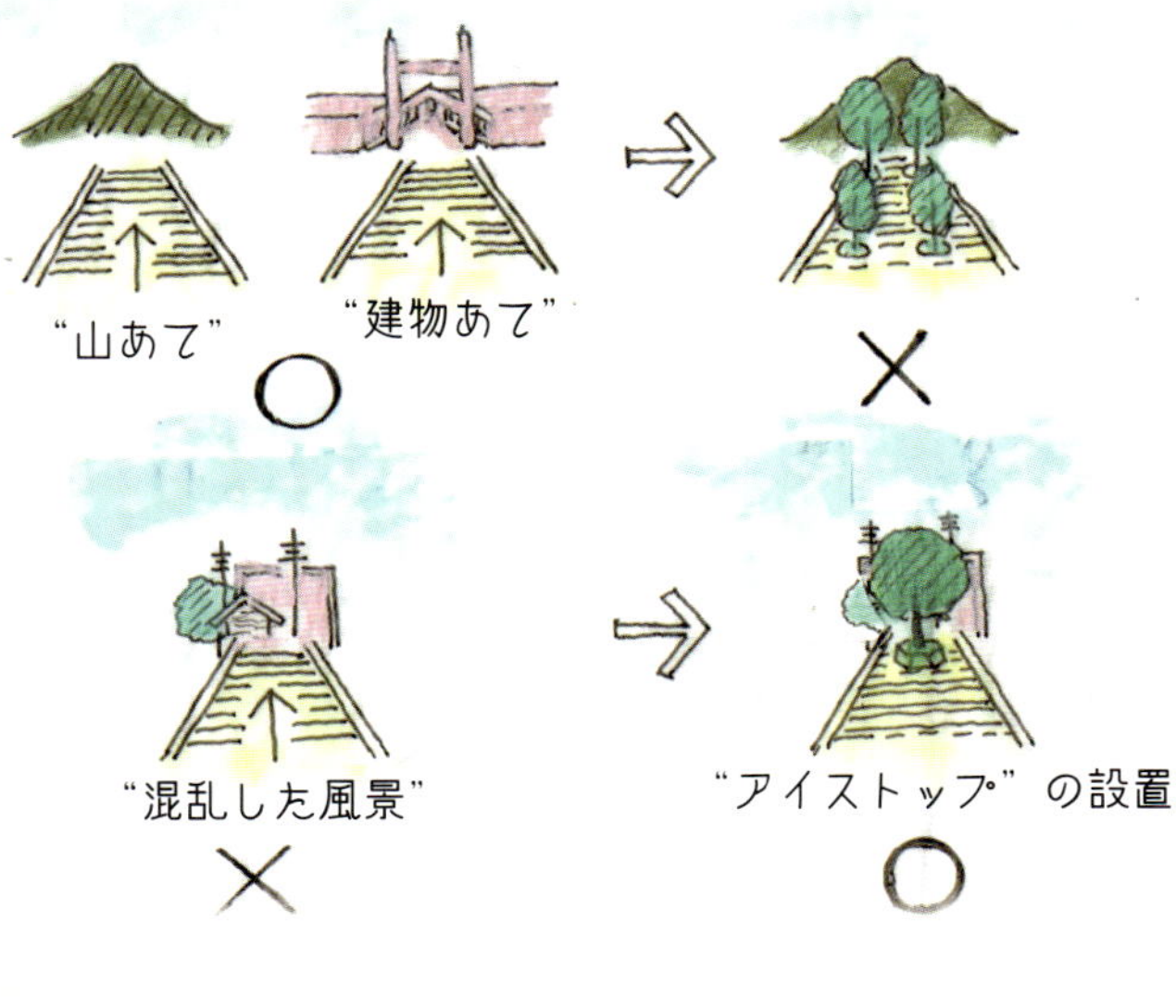

歩行空間としては単調な道路

前方の景色が良好ではなく、直線で長い道路は、歩行者にとっては最も辛い空間である。こうした住宅地内道路は、車がスピードを出しやすいために、交通安全上にも課題がある。

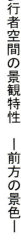

歩行者空間の景観特性　ー折れ曲がりー

歩行者にとっては、直線で連続する空間を歩き続けることは精神的な苦痛となる。道路線形が適当に曲がっていることは、歩行空間特性としては必要である。道の前方をあえて消し去ることは、道空間に奥行きを与える。また、次に展開する空間を想像させることは、人々の情感を喚起し、見えない空間へと人々を誘導してくれる。

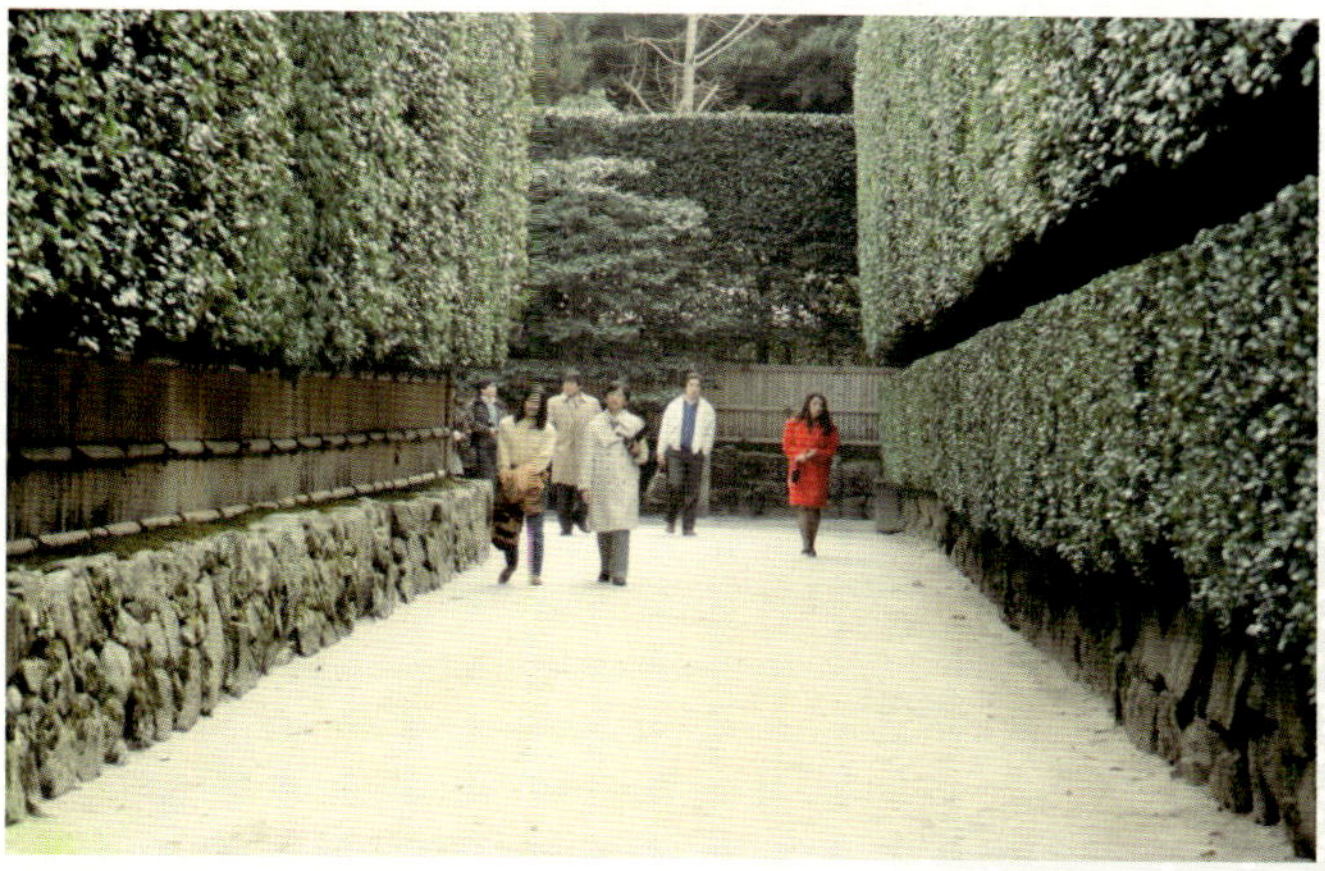

"折れ曲がり"の園路

京都・銀閣寺の正面アプローチの園路は、90度に線形が折れ曲がっている。

"曲線"の園路

前方が見通せない公園内の園路は、歩く人に新しい風景の展開を期待させる。

長い直線の道に対する景観処理方法

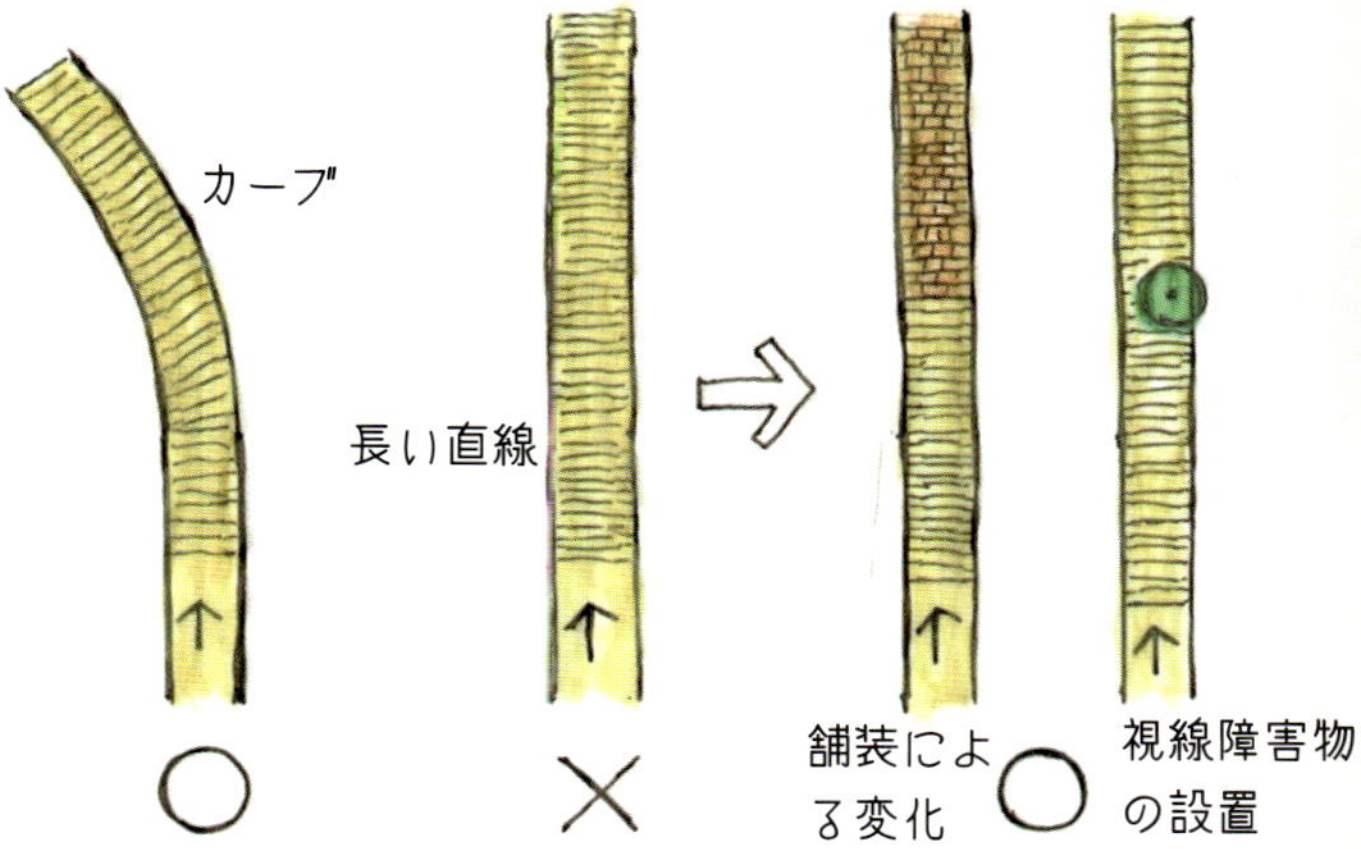

坂道（下り坂）

坂道の頂上からは、下り坂方面の街への視界が全面的に広がるという劇的な感動がある。

坂道（上り坂）

上がり坂は、路面等の風景を視線が全面的に受け止めるために、舗装のデザインと周辺の景観処理には十分な配慮が必要である。

ブルバァルの魅力

ブルバァル（仏語boulevard）とは、「並木のある広幅員の歩道を備えた大通り」の道路形態である。パリは、一八世紀末期に都市改造された都市として有名である。その都市改造の考え方は、象徴的な建物や塔を核とした広場や公園を始点と終点として、並木のある広幅員の街路（ブルバァル）で繋いで、これを都市構成軸とするものである。その代表がシャンゼリゼ通りである。大阪は御堂筋ブルバァルが都市の背骨となっている。

ブルバァルは、道路沿道のおしゃれな商業施設や文化施設・賑わいを持つ公共施設等の建築空間と一体となり、緑豊かな歩行者空間を演出する。ゆっくりと歩きながら、沿道の都市的なお店や施設を楽しむという、都会生活ならではの高い質のゆとり空間を生みだす。

都市内の緑豊かな歩行者空間

緑豊かで大きく育った街路樹の下で、広い歩道空間とセットバックした建物の壁面の間で、おしゃれなお店をたのしめるブルバァルは、都会ならではの贅沢な空間である。

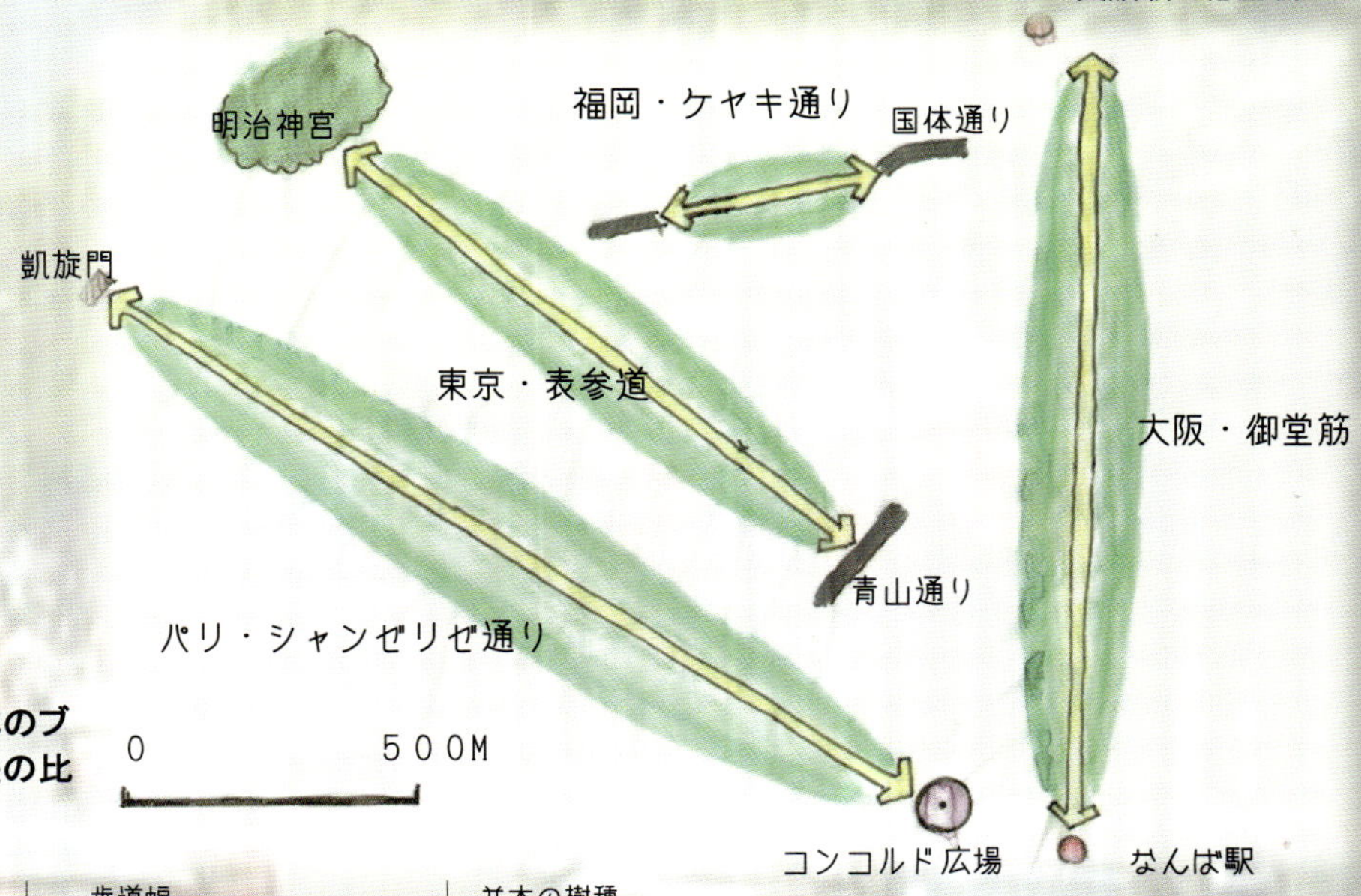

パリ・シャンゼリゼ通りと日本のブルバァルとの方位・道路延長の比較図

	歩道幅	並木の樹種
パリ・シャンゼリゼ通り	9m＋12m	マロニエ並木
東京・表参道	8m	ケヤキ並木
大阪・御堂筋	5m	イチョウ並木
福岡・ケヤキ通り	4m	ケヤキ並木

※歩道幅は植樹帯を含む

東京・表参道：表参道は道路の縦断勾配が強いために、緩やかな坂道となっている。植栽帯柵を兼ねたベンチの設置は、植栽帯への侵入防止と休養施設を兼ねた良い処理である。

大阪・御堂筋：御堂筋には、大人の視線を超えない高さの彫刻が多く設置されている。歩行空間のモニュメントとしては的確なスケールである。

福岡・ケヤキ通り：ケヤキ通りには、道路周辺施設の案内板が設置されており、道を歩く魅力を高めている。

歩車融合道路（ボンエルフ計画）

ボンエルフ（woonerf）とは、オランダ語で「車両の徐行が定められた住宅地区」という意味である。自動車交通が発達する以前は、道空間は「農家の作業場であり、子供の遊び場」であった。車時代になって、道路が自動車のための空間になってしまった事を反省して、再度、道路を「人の空間」に取り戻そうとした運動が、一九〇〇年代ヨーロッパに現れ、その後に日本にもその考えが紹介されるようになった。

特に戸建て住宅地においては、住民の車と限られた外部の車しか住宅地内に進入させないために、車交通の利便性を少し押さえてでも、道路を生活空間に取り戻すことが考えられるようになった。

この居住地区における環境整備及び景観向上に寄与する道路形態は、車は「人の通行や子供達の遊びに配慮して、減速して通行する」という、歩行者優先、住区の生活環境優先の道路として定義づけられる。

横浜・港北ニュータウンでは、道路計画整備にこのボンエルフ計画を全面的に導入するに当たり、事前に様々な検討がなされた。

一般車道からボンエルフ入り口の舗装処理：入口部をアスファルト舗装から花崗岩の小舗石にすることで、舗装の色の変化と車のタイヤの振動で、普通の道路と異なることを運転する人に感じさせる「ハンプ効果」を意図している。

道路の緑と住宅地緑との一体化：車の運転者に一般の車道との違い及び住民の道路への愛着と、住民自身による道路内の植栽管理を誘発することを目的として、住宅の庭と道路の緑との調和が図られた。

車の減速効果を促す効果を兼ねた休養施設：道路内には休養施設を設置できないが、道の目的を果たすことを兼ねた施設が検討された。

一般的な車道をボンエルフ化した整備事例

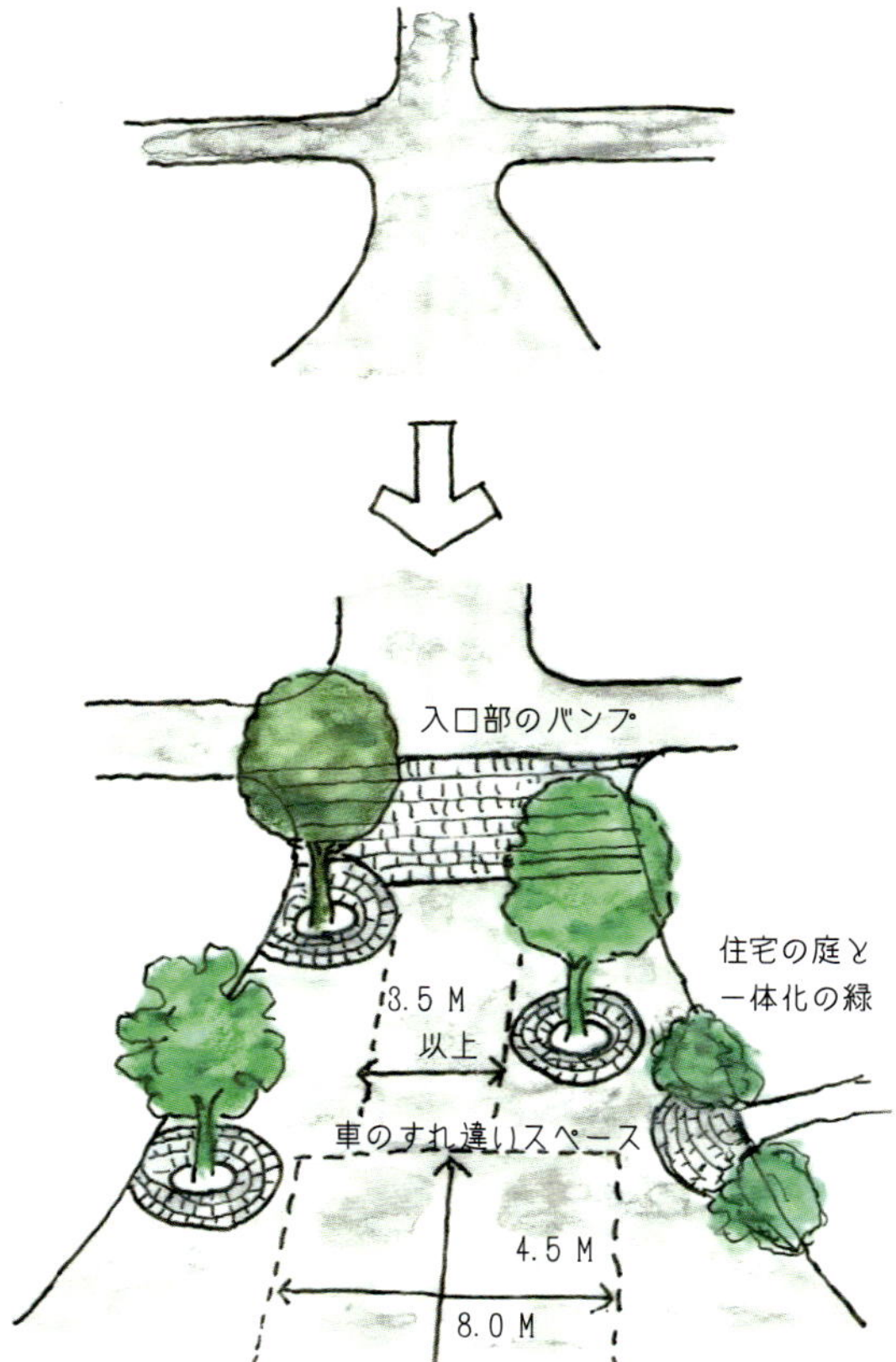

※車道内での樹木の配置には、下水管等の埋設管の上に植栽しないよう注意が必要である。

横浜・港北ニュータウンでのボンエルフ計画
導入時の検証項目

横浜・港北ニュータウンの道路計画におけるボンエルフ計画

当初計画の「3Mの歩行者専用道路と6Mの車道」を「9Mのボンニルフ」に計画変更したために、ペデネットワークにぶらさがったボンエルフという、他地区にない独特の道路計画となっている（港北ニュータウンでは、当時の国の道路名称に合わせて、特に「コミュニティ道路」と称された）。

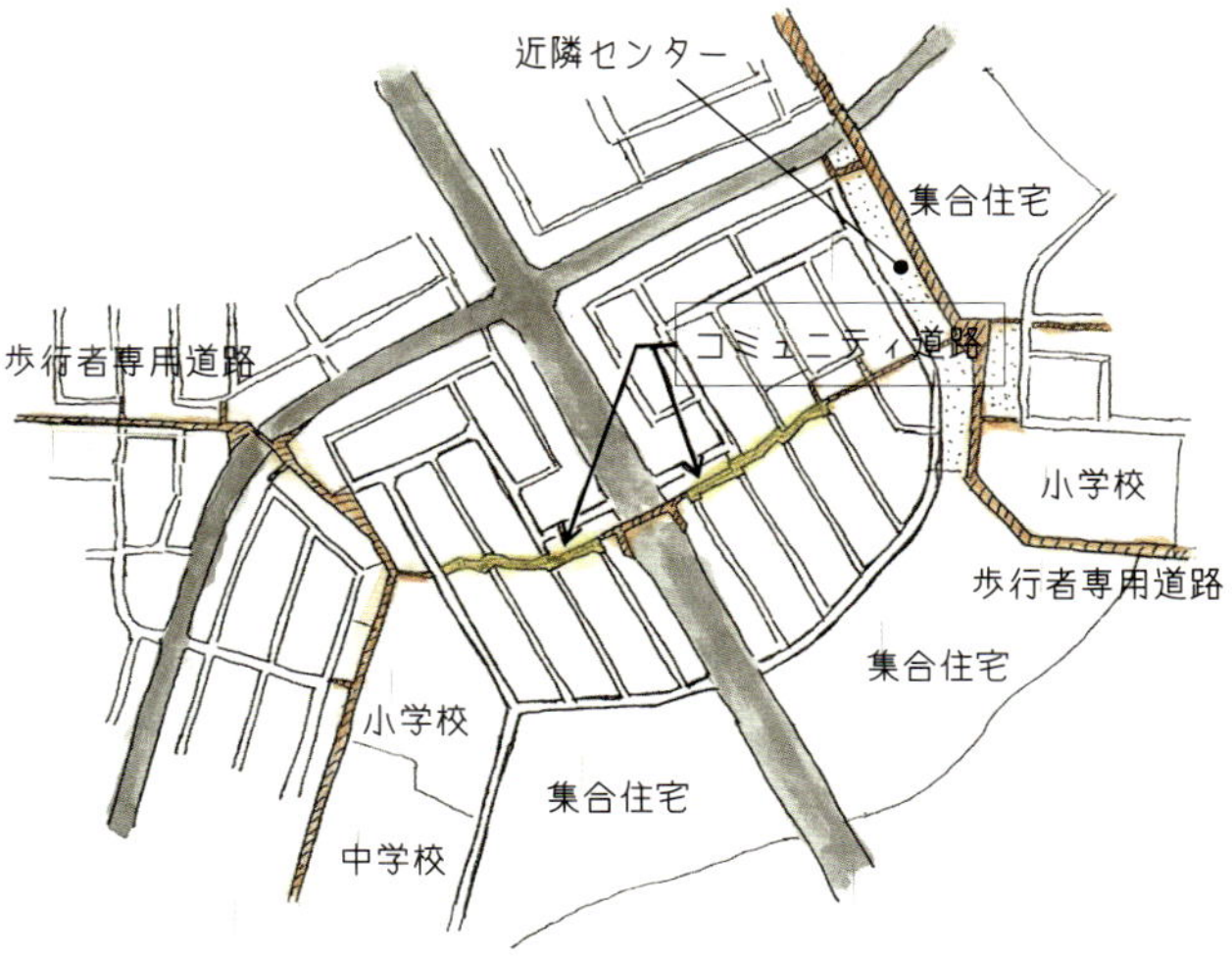

車道機能確保の検証

車と人とのすれ違い確保のために、舗装面の幅員は最低3.5M以上は確保することとした。

車どうしのすれ違いスペースとして、「幅：4.5M×長さ：8M」の空間を一か所は確保することとした。

交差部は、消防自動車や建物の建替え時の工事車両の進入に対応するために、6トンのロングボディ車のタイヤの軌跡を確保した。

舗装線形のデザイン検討

曲線的なデザイン：車の通過交通が少ないと判断される路線では、やわらかい曲線的な舗装線形とした。

直線的なデザイン：住宅地内であっても、車の通過交通が比較的に多い路線は直線的な舗装線形とした。

「実施編」

都市における「緑空间」「水空间」「道空间」の実施

※本編では、緑、水、道空間での実施設計レベルでの注意すべきポイントを纏めている。

四之四　都市における「緑空间」の実施

緑空間設計の最大の特徴は、植栽設計の樹種の選定により、四季の変化を「花や紅葉」で身近な空間に表現できることである。建築や土木空間で成しえない、縦・横・長さの空間に、時間を加えた「空間の四次元性」は、植栽設計で表現することが可能である。植栽設計の精度が高いほど、日本の微妙な四季の変化が演出可能である。

建築物と樹木との組み合わせにより、建築物やその空間のデザイン特性を強調することが可能である。また、樹種の選定により、建築と一体の空間や地区全体の雰囲気を決定し特色づける。日本の神社や寺院は、伝統的な建築の様式だけでは無く、鎮守の森や敷地に植えられた樹林と一体となって、日本の空間特性を形成している。日本の伝統的建築物と調和してきた緑は、「もこもこ」した常緑広葉樹の緑の形態であり、洋風建築と適合するのは、上に広がる落葉広葉樹の樹形や直線的な針葉樹の樹形である。日本の伝統的な和の建築には和の緑を合わせ、洋風建築物には欧米の自然で生育している樹木樹形を合わせていくことを忘れると、建築と緑との和洋空間のミスマッチが生じる。

日本庭園には景石や石組がデザイン要素として不可欠であるために、この歴史性の流れで、都市の緑空間においても景石が置かれている事例が見かけられる。「自然の象徴性として石を据える」、あるいは「必然性のあるところに石を置く」という思想を考慮しないで、漫然と景石を都市公園内に配置して、景観を害している事例も見られる。デザインには必然性があることを考慮する必要がある。

八季の植栽設計

八季の四季演出

日本は「四季の変化に富んでいる国」と言われるが、日本のデリケートな自然変化は、春・夏・秋・冬の四季の季節表現だけでは大まかすぎる。しかし、「二十四節気」までの季節区分では、時間デザインの対象として植物材料を使うには、細かく煩雑すぎる。よって、樹木の開花時期を、「早春・春・若夏・梅雨・夏・秋・紅葉期・冬」の「八季」に区分して、この「八季」ごとのグループの植物材料を、設計作業において使い分ける事が現実的と考えられる。この「八季」の季節区分の考え方は以下の季節区分による。

・早春の花　桜が開花する前に開花する樹木群

・春の花　桜開花後の開花樹木群

・若夏の花　5月頃の新緑が出そろった頃に開花する樹木群

・梅雨の花　梅雨どきに開花する樹木群

・夏の花　梅雨明け後の夏に開花する樹木群

・秋の花　秋に開花する樹木群

・紅葉木　紅葉の美しい樹木群

・冬の花　冬期に開花するか、冬期に実の美しい樹木群

「樹木の花」の八季カレンダー

八季区分	二十四節季	月	高中木			低木	
早春の花	立春 雨水 啓蟄 春分	2月 3月	■ウメ □ウメ(赤) □ウメ(白) □サンシュユ □キブシ □ヤブツバキ	□ツバキ □オトメツバキ □フサアカシア □ウグイスカグラ ■コブシ □シデコブシ	□モモ(白) □モモ(赤) □ハクモクレン □シモクレン □カンヒザクラ □ヒガンザクラ	□ロウバイ □ミツマタ □マンサク □ネコヤナギ ■ボケ ■ジンチョウゲ	□レンギョウ □アセビ □トサミズキ □ヒュウガミズキ □ユキヤナギ □エゾムラサキツツジ
春の花	清明 穀雨	4月	■ソメイヨシノ □マメザクラ □エドヒガン □フジザクラ ■ヤマザクラ	□ヤエザクラ □ライラック □ハナミズキ(赤) □ハナミズキ(白)		□ハナカイドウ ■ヤマブキ □シロヤマブキ □ヤエヤマブ ■ハナズオウ	□エニシダ □ドウダンツツジ □ヒラドツツジ □オオムラサキ □クルメツツジ
若夏の花	立夏 小満	5月	□ミズキ □テマリバナ □キリ ■シャクナゲ □カマツカ	□トチノキ □ベニバナトチノキ □タニウツギ ■ホオノキ □ハクウンボク	□ニセアカシア ■ハコネウツギ □ゲッケイジュ □エゴノキ	■コデマリ □カジイチゴ □シャリンバイ □サラサドウダン □ハクチョウゲ	□ノイバラ □ピラカンサ □ウツギ ■ベニウツギ ■サツキ
梅雨の花	芒種 夏至	6月	□イボタノキ □タイサンボク □クリ ■ネムノキ	□ビワ(実) □ザクロ □デイゴ ■ヤマボウシ		□アジサイ ■ガクアジサイ □シモツケ ■クチナシ	□ビヨウヤナギ □キンシバイ □ホザキナナカマド □アベリア
夏の花	小暑 大暑	7月 8月	□ナツツバキ □キョウチクトウ ■ムクゲ □エンジュ	□リョウブ ■サルスベリ □クサギ □サンゴジュ(実)			
秋の花	立秋 処暑 白露 秋分 寒露 霜降	8月 9月 10月	□コバノガマズミ ■キンモクセイ □ハリギリ □ツリバナ ■ガマズミ	□カキ(実) □モチノキ(実) □ザクロ(実) □クロガネモチ(実) □マユミ(実)		■ハギ □ハギ(白) □ウメモドキ(実)	■ムラサキシキブ □ピラカンサ(実) □コトネアスター(実)
紅葉木	寒露 霜降 立冬	10月 11月	□ハナミズキ □トウカエデ □ナンキンハゼ ■ハゼノキ □アメリカフウ	□イチョウ □イロハモミジ □ケヤキ □ヤマウルシ □サクラ		□ドウダンツツジ	■ニシキギ
冬の花	立冬 小雪 大雪 冬至 小寒 大寒	11月 12月 1月	□ナツミカン(実) ■イイギリ(実)	□スズカケノキ(実)		■サザンカ □ナンテン(実) □アオキ(実) □マンリョウ(実)	□シナヒイラギ(実) ■ヤツデ □ヒイラギ □コトネアスター(実)

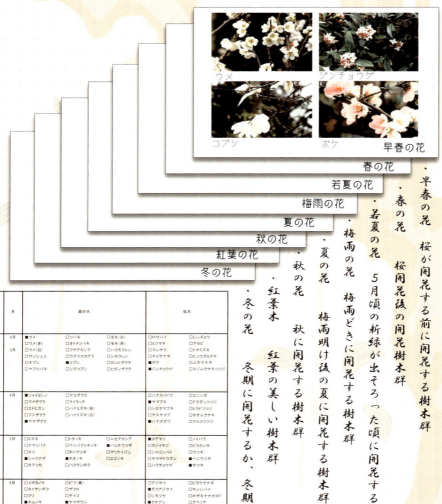

「八季に花が楽しめる植栽設計」の事例

一年間を八季に区分した植栽設計を行うと、一年中に花が絶えることの無い庭園や公園の設計が可能となる。

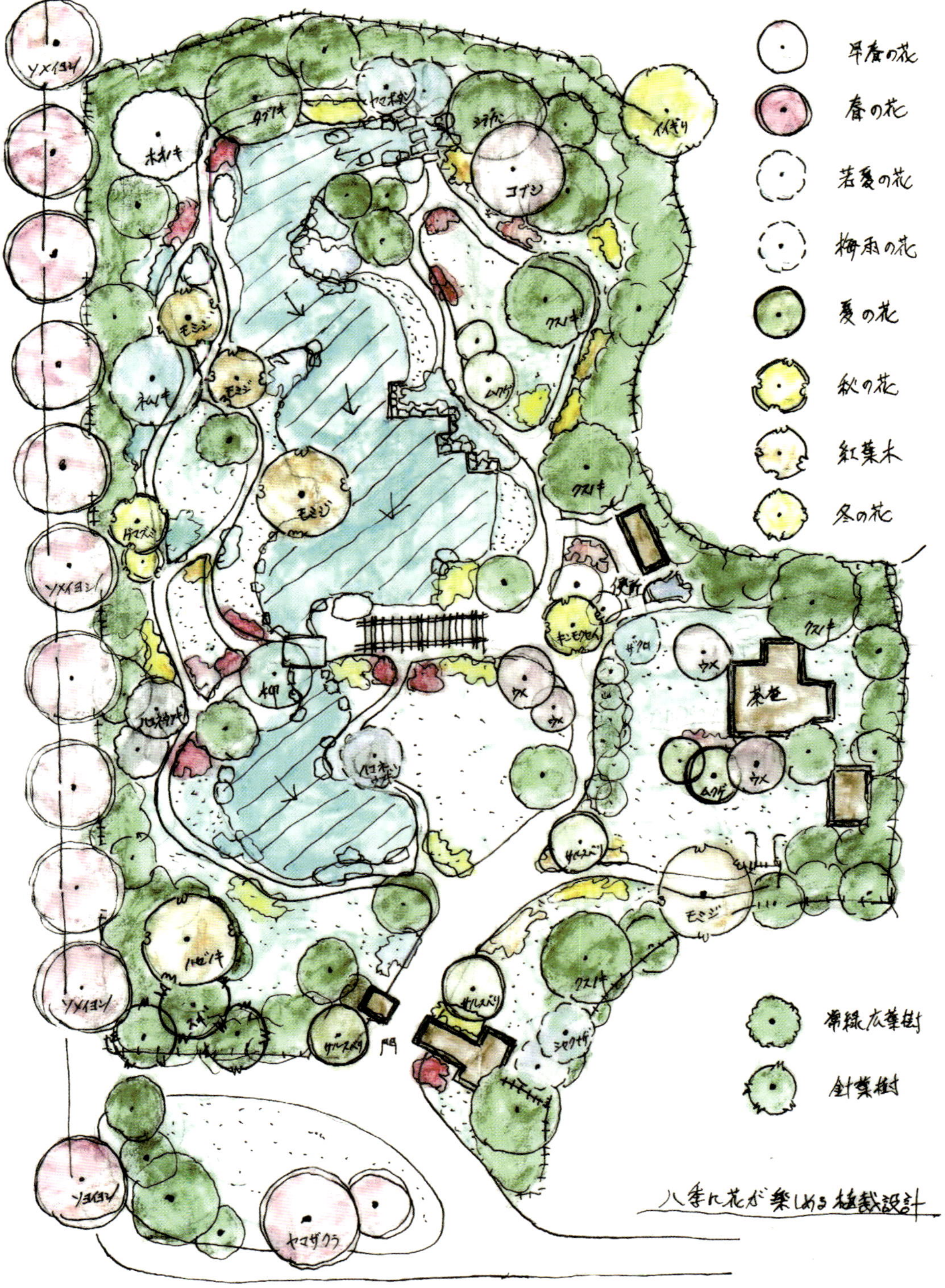

樹木選定のヒエラルキー

空間を特徴づける緑

特定の樹木のみを単木や群で植栽する事で、建築空間や地区空間を特色づけたり、その空間特性をより強調することができる。

■シンボルツリー

特色ある樹種の高木や大木を単木使用することで、建築空間や地区空間を特色づける樹木。

■キャラクタープラント

特色ある樹種のみを群で使用する事で、建築空間や地区空間を特色づける樹木。

シンボルツリー

左／クスノキの事例

下／ネムノキの事例

好ましくない事例

洋と和のミスマッチ：洋風建築と和のマツノキとの組合せは不調和空間であり、緑量の多さが優れた建築美を阻害している。

城下町に不調和な街路樹：垂直で直線的な樹形のイチョウ並木は、城下町の伝統的建築物が並ぶ街の風景にとっては空間的なミスマッチを生じている。

繁華街とベニバナトチノキ

ホテルとサルスベリ

集合住宅とラクショウ

洋風建物とトチノキ

キャラクタープラント・高木

寺院とクスノキ

住宅地とフサアカシア

キャラクタープラント・低木

寺院とソテツ

山の上の サイ

大樹の価値

大樹の安定感

都市空間や建築空間に大樹が存在することは、その空間に独特の風格を与える。このことは、大樹の持つ生命力が人々に精神的な安定を与えるためである。歴史ある都市の街中に大樹が残されていることが多い。それは、都市近郊の里山は、かつては燃料を得るために、樹木は定期的に伐採されてきたことにより、都市内に大樹が残されてきたという経緯がある。

新規の都市開発や再開発を機会として、街のシンボルツリーとして、大樹が移植されたり、育成されることも多い。こうした施工においては、「樹木は生き物である」という認識のもとでの十分な植栽計画が必要である。特に大樹の育成を支える「植栽基盤」の確保が重要である。

超高層開発での大樹：東京六本木ヒルズの再開発の中で保存された大樹は、超高層建築空間に独自の品位を与えている。

都市の中の大樹：街なかでの大樹は、人工的な都市空間に潤いを与えるだけではなく、都市に品位を与える。

道空間での大樹：歩行空間の中の大樹は、歩く人々のランドマークとなる。

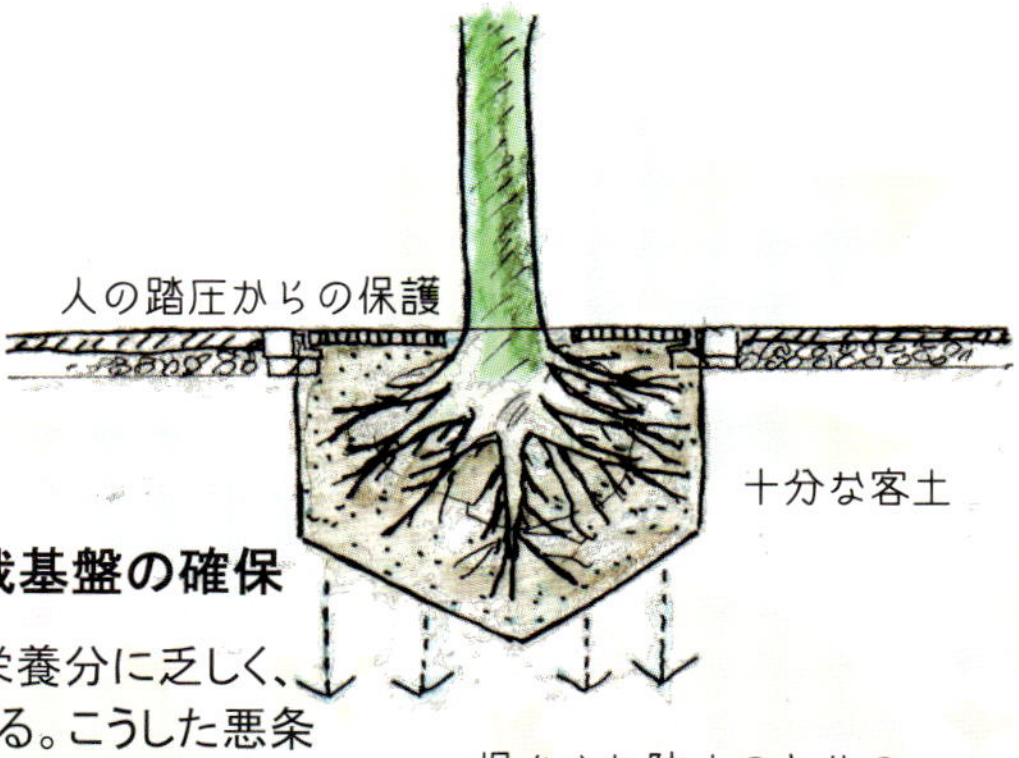

都市内での植栽基盤の確保

都市内の土は、栄養分に乏しく、固く締められている。こうした悪条件下で、都市内で大樹を育てるには、十分な植栽基盤を確保した上で樹木を育てる必要がある。

公園のなかの大樹：公園のなかの大樹は、公園で遊ぶ子供達に精神的な安定感を与えてくれる。

緑と土によるランドスケープ

緑と土による景観

裸地に早期に森を創る事が目的ならば、人の管理が入らない森林をモデルとした、植物生態学的な手法による、高木・中木・低木で樹種構成された植栽方法が採用される。しかし、都市の公園や緑地の植栽帯での植栽では、こうした植栽方法では、見通しの悪い森や林の空間を創ることとなる。樹木の美しさを見せ、また、地面の起伏の美しさを緑と一体的に表現する事が目的とするならば、低木の植栽を控え、高木中心の植栽デザインを心がけることが必要である。

日本庭園での地表面：伝統的な日本庭園の植栽空間は、地表面を苔等で覆い、地面の起伏の美しさを表現している。

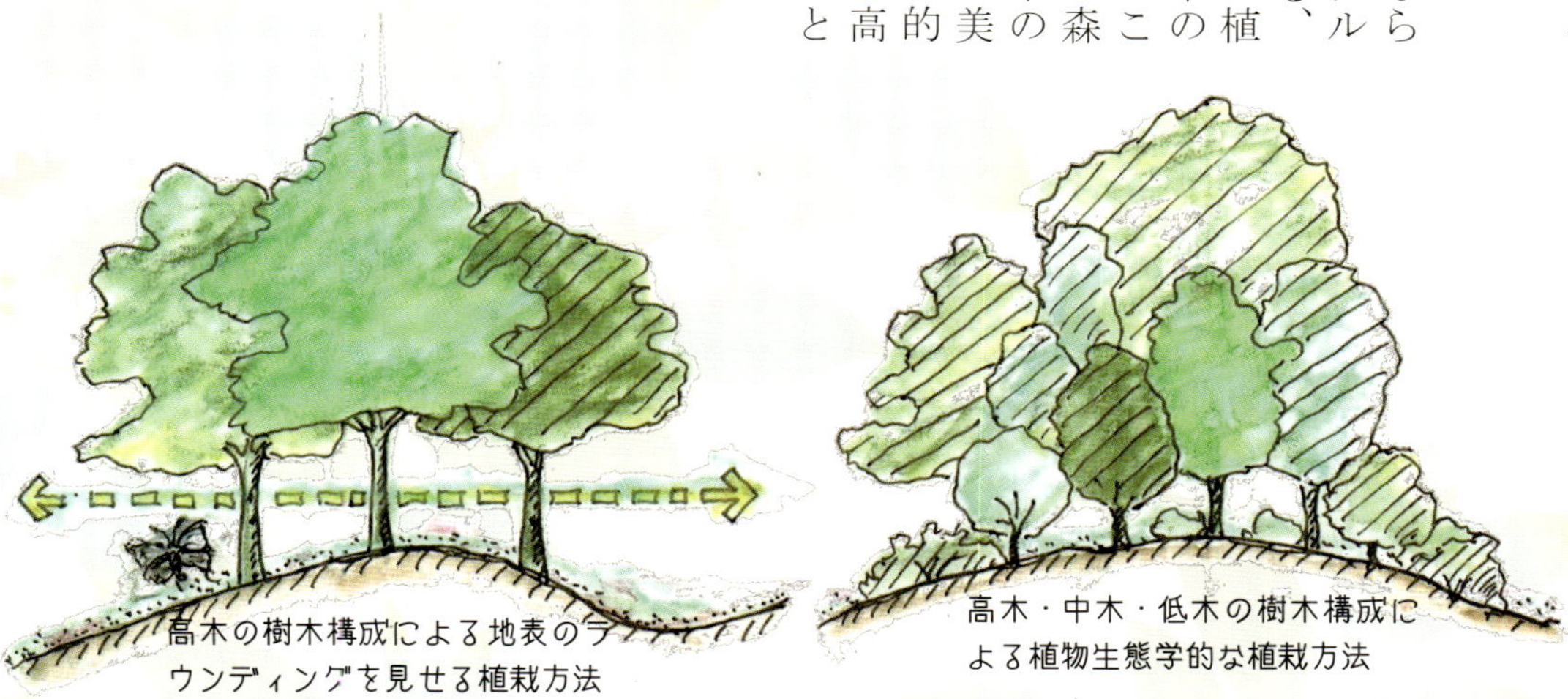

高木・中木・低木の樹木構成による植栽パターンの比較

右上／空堀による空間変化：土は掘り下げることで、独特の空間変化が演出できる。 **左上／土盛りによる空間区分**：公園と道路の空間区分は、フェンス等の構造物では無く、土盛りで空間区分が可能である。 **左下／土塁と緑の組合せ**：土塁と緑の組合せで柔らかい立体面も表現出来る。

カンノアオイ

ヒガンバナ

シバザクラ

スイセン

サンズンアヤメ（左奥）

ホテルアプローチの草花植栽事例

草花のランドスケープ

足元の魅力

草花を用いての植栽空間の表現は、よりデリケートな季節変化の演出となる。しかし、公共的空間の植栽設計に草花を採用することは、高温多湿の日本の気候条件下では、常に地表に雑草が繁茂するために、開花時期を考慮した雑草管理等の植栽管理計画との連動が不可欠である。

キジムシロ

ムラサキツユクサ

ノコギリソウ

緑空間での点景

緑空間の絞り込み

緑の空間に四阿などの小建築物を配置し、森のテーマに適合したモニュメントを配置することは、その点景ポイントに人の視線が引きつけられる。この結果、緑空間が「引き締まった景観」となる効果を発揮する。

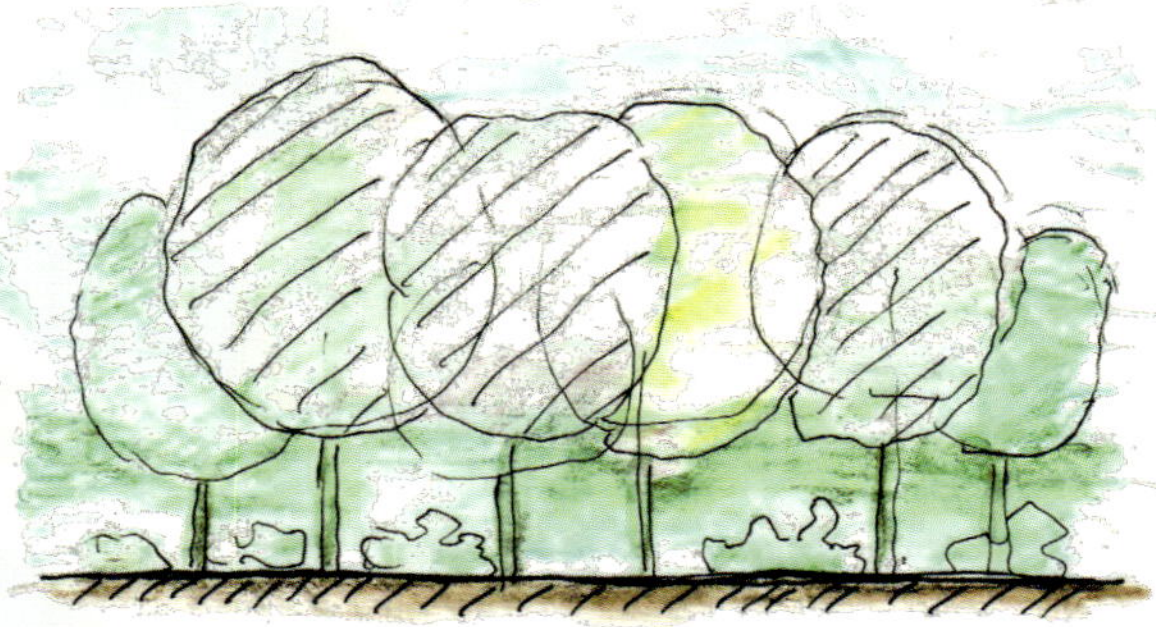

人の視点の絞り込み効果

緑の中のモニュメント

東京都八王子市・高尾山

緑の中の四阿等

左上／小田原市・箱根強羅公園
左下／横浜市港北ニュータウン・茅ヶ崎公園
右／東京都多摩ニュータウン・鶴巻東公園

景石の用と美

必然性のあるところに石を置く

日本庭園においては、加工していない自然石の景石は庭園構成に重要な要素である。このために、近代都市公園の空間に景石が設置されている事例も見受けられる。

景石の配置は自然の空間を象徴的に表現する「美」と、必然性のあるところに石を設置する「用」との機能がある。このことを忘れて、ただ漫然と景石を置くと、意味不明な空間となる。

美

■**美の景石**：京都･竜安寺の石庭は、海原とも大雲海とも称され、景石で自然の象徴的美を追求している。

用

■縁石とベンチとの高さの段差処理のために置かれた景石

■園路の分岐点に置かれた植栽の踏み固め防止の景石

好ましくない事例

美も用もない景石：何の意味もなくただ漫然と置かれた公園の景石は、空間の阻害物ですらある。

■ 法面の法尻の土砂流失防止に置かれた景石

四之五　都市における「水空間」の実施

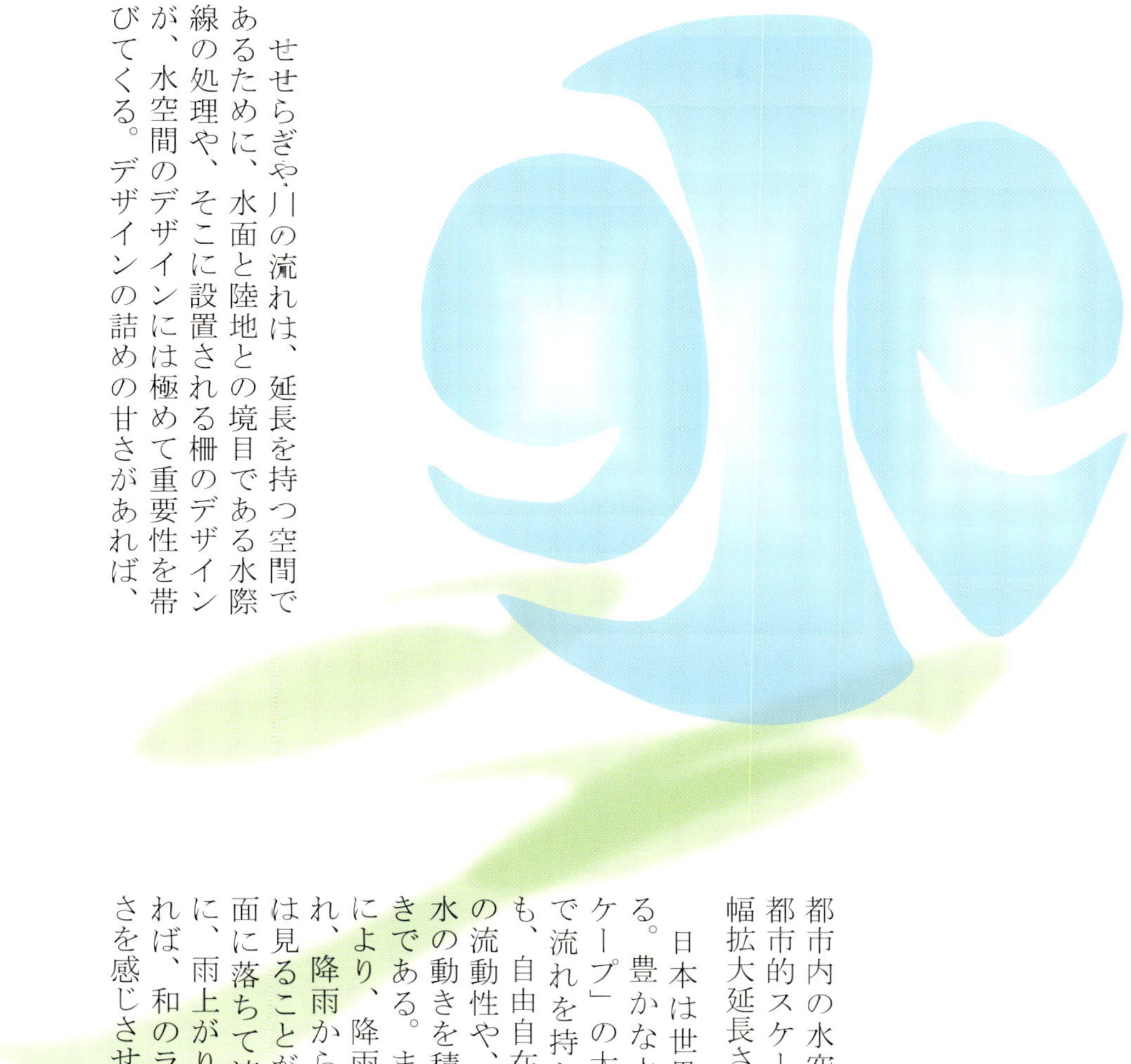

せせらぎや川の流れは、延長を持つ空間であるために、水面と陸地との境目である水際線の処理や、そこに設置される柵のデザインが、水空間のデザインには極めて重要性を帯びてくる。デザインの詰めの甘さがあれば、都市内の水空間は、庭的スケールではなく、都市的スケールで不適切なデザイン処理が増幅拡大延長される。

日本は世界にも稀な多雨国の先進国である。豊かな水と雨の要因が「和のランドスケープ」の大きな特色とも言える。水は勾配で流れを持ち、多少の障害物による変化でも、自由自在に多彩な動きを見せる。この水の流動性や、水が発生させる音をも含めて、水の動きを積極的に空間デザインに生かすべきである。また、近代都市は下水道施設整備により、降雨は速やかに地下の下水に排出され、降雨から川や海までの水の循環を子供達は見ることが無い。可能な限り、降雨が地表面に落ちて流れとなる情景を見せると同時に、雨上がりの情景をも都市空間に表現できれば、和のランドスケープデザインの奥深さを感じさせる。

水際線の処理

水際線の柵をなくす

水面の視距を確保する水際処理

池や河川においては、水面への落下防止のために、水際の園路沿いに柵を廻す事例が多い。人間の視線は、見上げるよりも見下げることが自然である。このために、水際に設置されることの多い約一・二mの高さの柵は、水面への視線方向を妨げ、水景観を阻む原因となる。園路と水面との間に大きな落差がある場合を除いては、この水際柵の設置は極力止めることが望ましい。しかし、児童等が水面に落下した時のために、水辺の安全処理には設計上の工夫が必要である。

（注）視距：視野が障害物に妨げられない状態で目的物を見通すことのできる距離をいう。

水辺の安全処理

■水際の園路と水面との間に、園路より一段低い段差を設置した事例。

■護岸沿いの水面を玉石で固めた事例。水中での多孔質空間を創り出し、生物生息上にも良い配慮である。

■護岸近くに、水中柵と水深表示により安全処理をしている事例。

森の中の水遊び場:: 自然公園での人工の流れの中で設置された子供達の水遊び場。

水空間での子供の遊び場

水は子供の友達

　夏季には、水辺は子供達にとっての魅力的な遊び場となる。水は子供達の友達である。公園等の浅い池においては、子供の水遊び場の設計想定をしていなくても、夏季には子供達が入り込み、水遊びに利用されることが多い。そこで、このことをあらかじめ予測し、池や流れの水深や護岸のエッジ処理、水底の滑り防止、水質の確保等の設計上の配慮をしておく必要がある。

公園の中での水遊び場: 公園の中での修景池と同時に、夏場には子供達の親水施設としても設計された事例。

自然の渓谷での水遊び場: 小さい河川をせきとめて、子供の水遊び場に整備した事例。

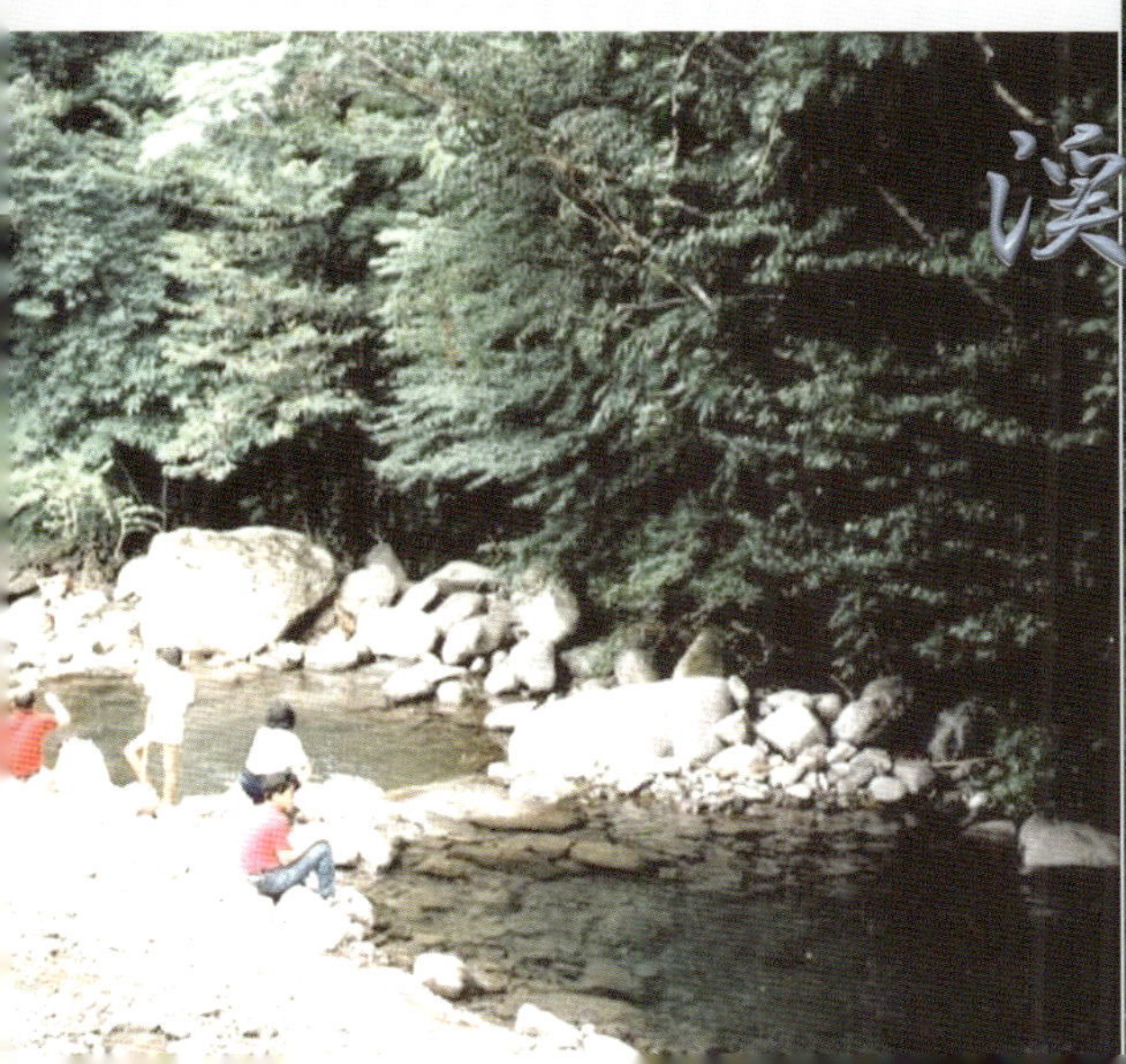

水のデザイン

水の動き

水は勾配にて流れを持ち、多少の障害物による変化でも、自由自在に多彩な動きを見せる。この水の流動性や、水が発生させる音をも含めて、水の動きを積極的に日本の空間デザインに生かすべきである。

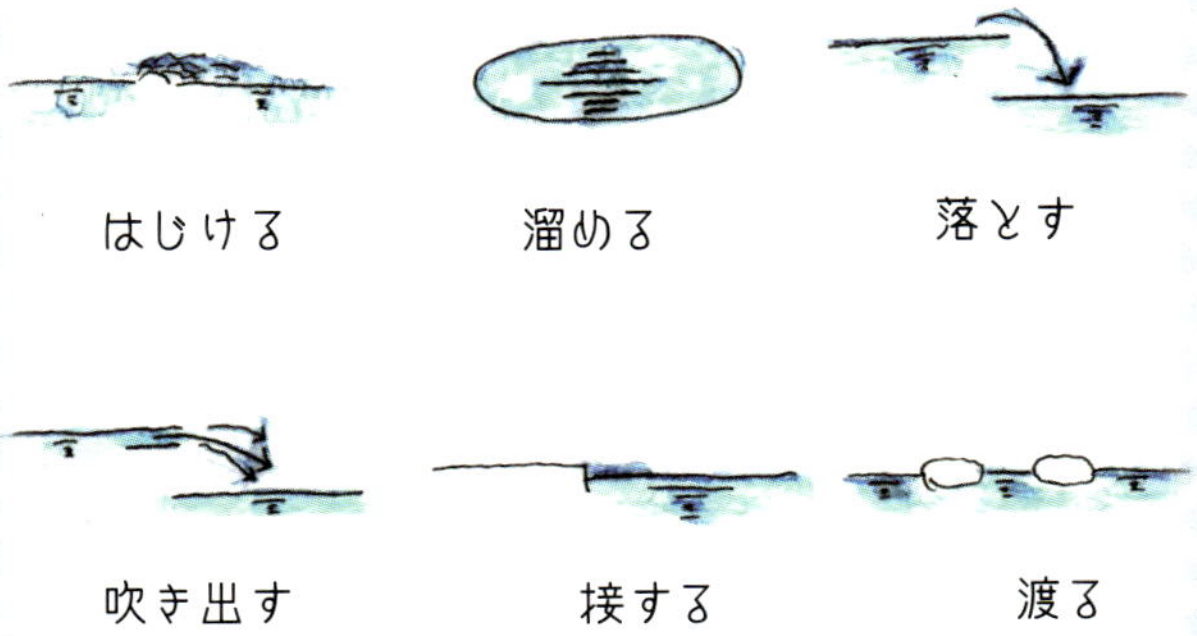

水がはじける・・・

障害物により

段差より

水を渡る・・・

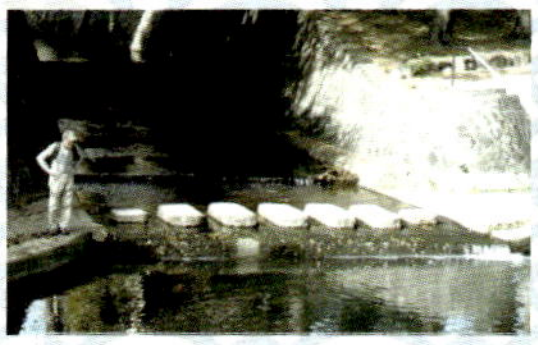

飛石渡り

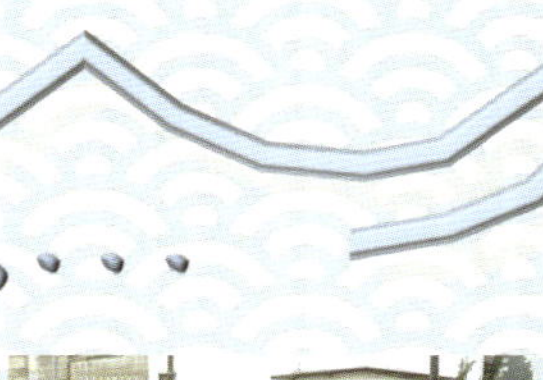

小橋渡り

小橋渡り

水に接する・・・

水を落とす・・・

滝落し

段差落し

1段落し

段々落し

水を出す・・・・

龍の口から出す

竹筒から出す

水を溜める・・・

雨水溜まり

池溜まり

水中溜まり

地表溜まり

デッキ渡り

雨上がりの情感

上／雨上がりに、木立ちから落ちる雨垂れは水面に波紋を生じて、雨の風情を残す。

左／雨が上がっても、雨は側溝に一筋の流れを残している。

レインスケープ

雨の情感

日本は雨の国である。東京の年間降水量は、パリやロンドンの降水量の約三倍近くある。このために、建築施設に限らず、日本の屋外施設においては、「雨仕舞」の雨水排水施設が欠かせない。この日本の自然現象を、ランドスケープの大きなデザイン要素として捉えるべきである。雨が上りの晴れた日にも、雨の痕跡が残り、雨の風情が残るデザインを心掛けるのは、「和のランドスケープデザイン」としての奥行きの深さが感じられる。屋外の側溝を蓋掛けとし、側溝の水も下水管につないで落としてしまうと、雨の流れを見えなくしてしまう。公園等においては、側溝はオープンにして、流れる雨もデザインの対象とすべきである。また、側溝や雨落ちの排水施設は、晴れた日にも見せるデザインを心がける必要がある。

雨仕舞いのデザイン

右／側溝のデザイン：自然石張り側溝では、雨で濡れた自然石は晴れた日とは異なった色彩でその表情を変える。

下／雨落としのデザイン：雨水が落ちる現象と、人工造形物が一体となるように、雨落としをデザインする。

レインスケープの設計事例

レイン広場

雨水の吐出口

「雨上がり広場の水系系統模式図」

雨上がりでは、周辺の芝生広場に布設された透水管より集水された雨水が、ペーブ広場中央に向け水が流れ出す広場。

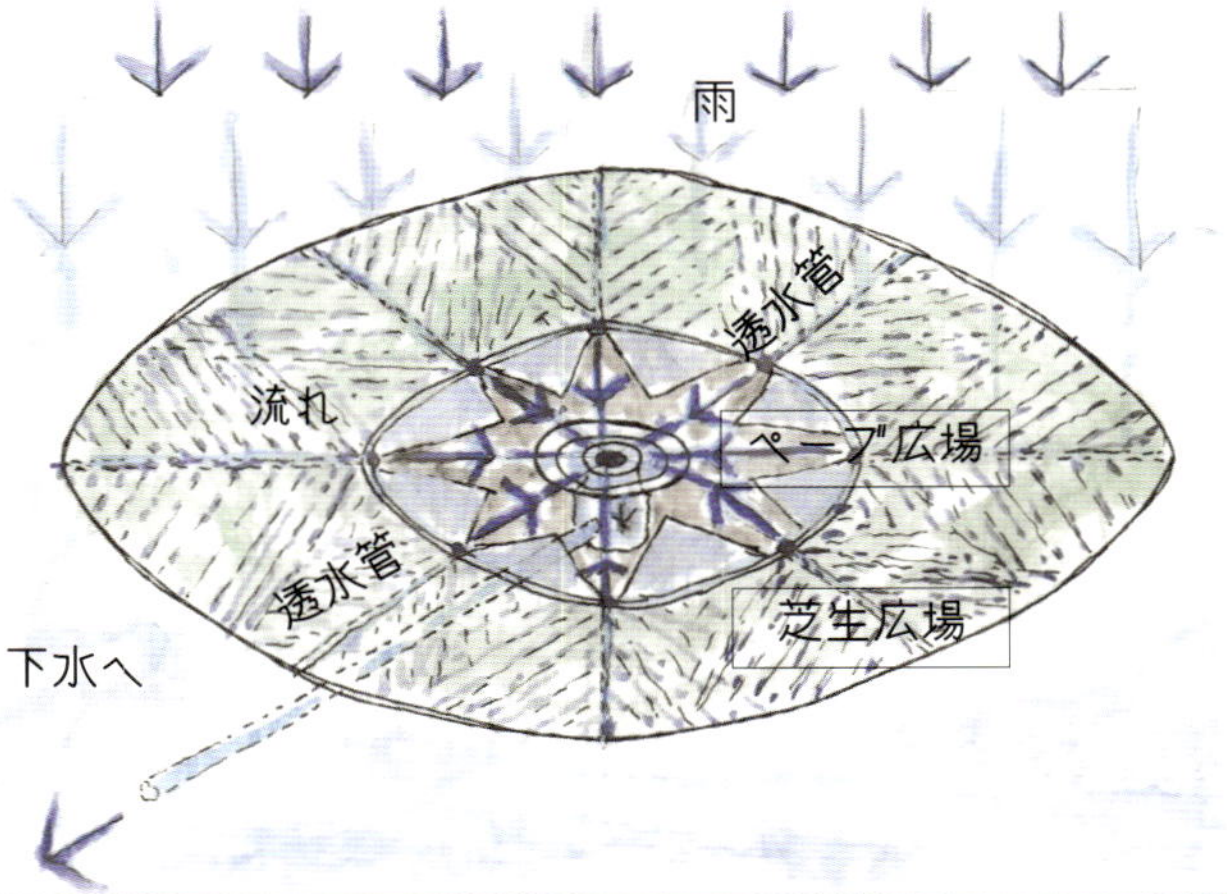

雨上がりのデザイン

左／雨落し：雨が降った日には、小さな滝落としとなる雨落し。立管で繋ぐ雨水処理では雨水は見えなくなる。

下／雨上がりベンチ：降雨後に表面に薄く水が溜まるようにデザインされた、ベンチ兼レインモニュメント。

N Fujiwara

四之六　都市における「道空間」の実施

道空間を環境デザインの対象として捉えられるようになって久しい。しかし、舗装にタイルを張り、樹木を植え、モニュメントを配置することが環境の向上になるという発想は短絡的である。舗装面を強烈な色彩で細かく摸様化したり、道に置かれるモニュメントに過度に凝ったりすることは、道が、「人や沿道の建物を受け入れる空間」であることを忘れて、道空間自体が個性を主張させることになる。道空間における植栽設計においても、過度の植樹が前方の景観を阻害し、植栽が道空間自体を狭苦しくしている事例も見かけられる。このことは、橋梁デザインにおいても、橋梁の構造美を大事にするのでは無く、高欄や親柱、照明等の局部のデザインが主体のような事例が見られる。道空間のデザインは、道を取り囲む外部空間とどのように連携し、人の歩行と視点がどう空間として組み合わされているかを、局部デザインの前に検討することが大事である。

道空間は水空間と同様に、都市のなかで延長を持つ空間である。このために、道空間に必要な車止めや街路灯は、単体施設では無く連続施設として設置される。個体に過度に凝ったデザインは、連続景観として耐えられなくなる。道路付帯施設のデザイン特性を理解した上で、個別の施設をデザインする必要がある。

道の植栽空間構成

歩行者空間の植栽設計

道路空間に緑陰を確保し季節感を演出する目的から、道空間における植栽設計は重要である。しかし、必要以上に道空間に緑量を増やしたり、歩行者専用道路の真ん中に高木を配置したりすると、道空間を狭苦しく感じさせる。「連続するオープンスペースによる開放感」という道空間の空間特性を損なわないように植栽設計をする必要がある。

高木の足元に芝生植栽した事例(車道):狭い中央分離帯の植栽は、車の見通しを良くするために、高木の足元は低木植栽をしないで芝生だけの処理とする。

沿道への視距を確保する植栽空間

高木の足元に芝生植栽した事例(歩行者専用道路):道から沿道空間が見通せるために、緑と一体となった道の開放的空間が演出される。

上／通路広場の高木植栽の機械的配置が、広場の直線性を強調している。
左上／緑に囲まれ、周辺地面から掘り下げられた空間には安らぎ感がある。
左下／樹木の開花が広場空間に四季の変化を演出する。

広場の植栽空間

好ましくない事例

右／高木の足元に低木植栽した事例（歩行者専用道路）：街路樹の足元に低木を連続させることは、沿道の視界を妨げ、歩行者の視点は前方のみとなる。このために、道空間が狭く感じ、歩行者専用道路が閉鎖的な空間となっている。

下左／歩行者専用道路と自転車道の分離植栽：高木植栽が歩行者空間を分断し、道空間を狭くしているだけでは無く、夜間の防犯に問題がある。

下右／高木植栽（歩行者専用道路）：商店街の歩行者専用道路に高木植栽した事例。高木が前方の視距を妨げている。

ペーブメント効果

舗装の設計

道空間においては、舗装の設計が最も重要である。舗装材の選択により、対象とする道空間の雰囲気を決定する。また、街全体に統一した舗装材を使用することで、その街全体のイメージをも決める可能性を秘めている。道路の沿道は、様々な建築形態や色彩にあふれている。このために、道空間の舗装は、「受け入れる空間」として位置づけ、舗装自体が自己主張するデザインは避ける。舗装色彩もアースカラー（大地の色）を念頭に置き、赤色や黄色等の原色色彩の採用は極力控えるべきである。

また、色彩を持つ舗装材については、経年変化による色彩劣化も考慮した上で、舗装材を選択する必要がある。

建物の外壁と路面の色彩関係：マンガン色のインターロッキングは、建物外壁の色彩に対して、壁と床との色彩関係を考慮して、舗装材の選択がなされている。

舗装材の基本

舗装材自体が色彩を主張しないで、道を歩く人の服装の色が映える舗装材の色彩効果を考慮する。

好ましくない事例

建物の外壁と路面の色彩関係：地方都市の伝統的建築物が建ち並ぶ街並みで、花崗岩石舗装の白色色彩は、土壁の色彩とは違和感がある。

原色のアスファルト舗装：歩道と自転車レーンを区分するカラー表示であるが、原色の緑と赤との色彩は強烈すぎる。

カラフルな舗装：商店街におけるカラフルな舗装材と模様は、人や沿道の建物から遊離している。

舗装材の種類

舗装材に要求される条件には、強度・耐久性・歩行性・環境特性・維持補修性及び経済性が挙げられる。このために、用いられる舗装材料は以下のような区分と特性に分けられる。

・アスファルト系
・ブロック系
・コンクリート系
・タイル系
・平板系
・自然石系

また、舗装材はその張りパターンで、道路の性格づけや路面表情を変化させることも可能である。

土舗装

自然風の景観演出のために、クラッシャーランに荒木田と石灰を混合し転圧して固めた舗装であり、横浜港北ニュータウンで開発された。縦断勾配の強い部位では採用出来なく、定期的な維持管理が必要な舗装形態である。

アスファルト舗装

アスファルト舗装は車道の舗装材として考えられがちであるが、曲線を自由に出すことが可能で、足にやさしい舗装(たわみ舗装)で、なおかつリサイクルが出来る舗装材である。このために、歩行者空間においても優れた舗装材である。

白河石の芝目地舗装

落ち着いた色調の白河石と芝生を組み合わせた、横浜港北ニュータウンの公園・緑道のために開発された自然風の石材舗装形態。芝目地の除草という維持管理が必要となる。

洗い出し平板の市松目地張り

平板系は、歩行者空間では路盤の上に砂下地で敷設するために、足にやさしい舗装材である。また、舗装の敷設替え時にも、舗装材の再利用が可能である。

小舗石舗装のレンガ目地張り

通称はピンコロ石という石材舗装であるが、部材が小さいために、道の勾配変化に対応したり、扇張り等の模様を描き出すことが可能である。

レンガの張りパターン

煉瓦目地

市松目地

網代目地

落下防止柵の処理

人の視界を妨げる柵栽設計

水辺の遊歩道等においては、歩行者が歩く路面と水辺との段差処理に、落下防止用の柵を設置する事例が多い。こうした落下防止柵の高さの基準は無いが、「マンション等のバルコニーの柵の高さを定める」項目の建築基準法を根拠として、一二〇〇㎜で高さを設置する事例が多い。

人の目の構造は、見上げるよりも見下げるほうが自然な形態となっていると言われている。一二〇〇㎜の高さは、大人の自然な視線がぶつかる高さである。このために、こうした高さの柵が設置された道空間では、人々は周囲の景色では無く、柵だけ見て歩くこととなる。

安易に柵の高さを一二〇〇㎜として設計するのでは無く、段差の大きさ等により本当に必要な高さを精査する必要がある。また、高さだけでは無く柵の幅の処理や、植栽との併設等での危険防止を図るような、様々な工夫が検討されるべきである。

柵の高さの違いによる人の視線の違い

足止め柵

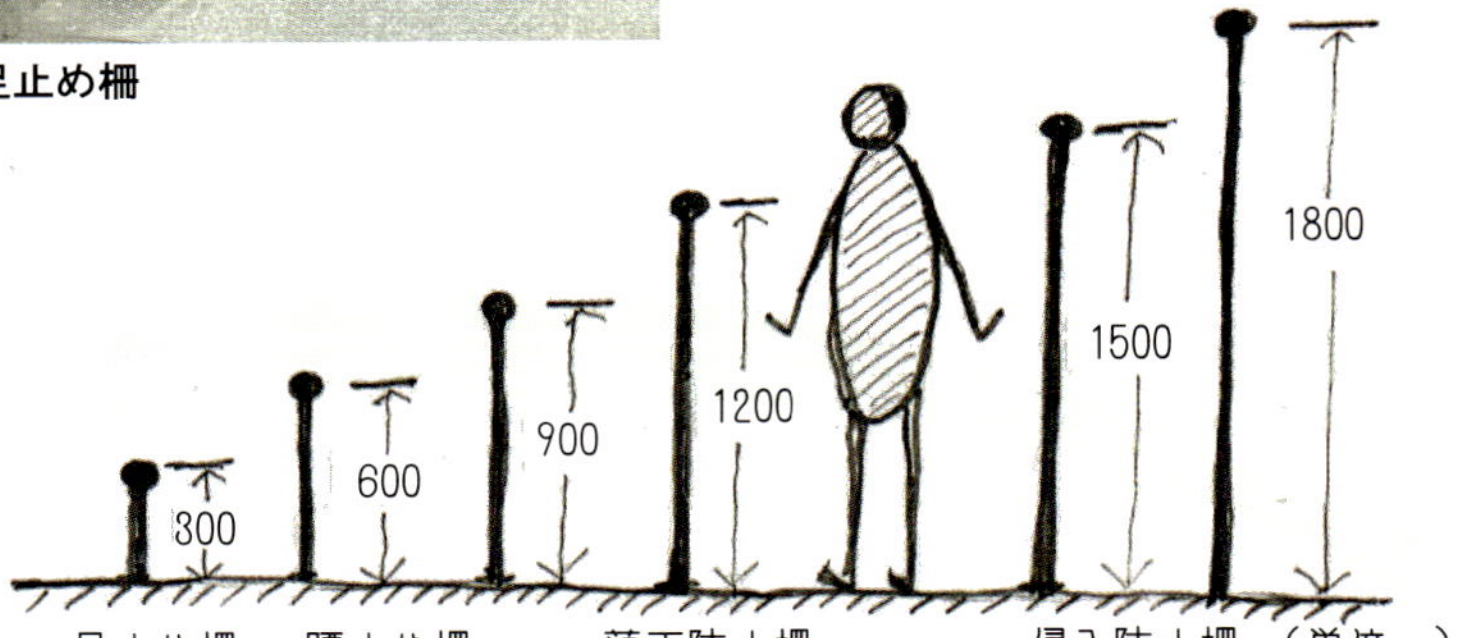

植栽帯の幅で横断防止を工夫した柵

足止め柵

腰止め柵

落下防止柵

好ましくない事例

左／柵で囲まれた歩行者空間

右／水辺の視界を遮る柵

小橋の魅力

土木の華

道が川を渡ったり、道どうしが立体交差する時には、橋梁という土木構造物が必要となる。橋梁は「土木の華」と言われるように、景観上で重要な土木構造物である。

橋梁デザインを景観上から考えると、周辺の景観から「目立つ橋」と周辺の景観に溶け込む「目立たない橋」とにデザイン区分される。

「目立つ橋」は、橋自体が景観上で独立し、固有性が高くなる。このために、橋梁の構造形式からも目立つ形式を選択する。

「目立たない橋」は、周辺の緑や水面と景観融合し、周辺の土木構造物のテクスチャー等においても同化している橋デザインである。歩行者専用道路や公園内の池を跨ぐ橋は、その幅員から小橋となるために「目立たない橋」のデザイン処理が望ましい。

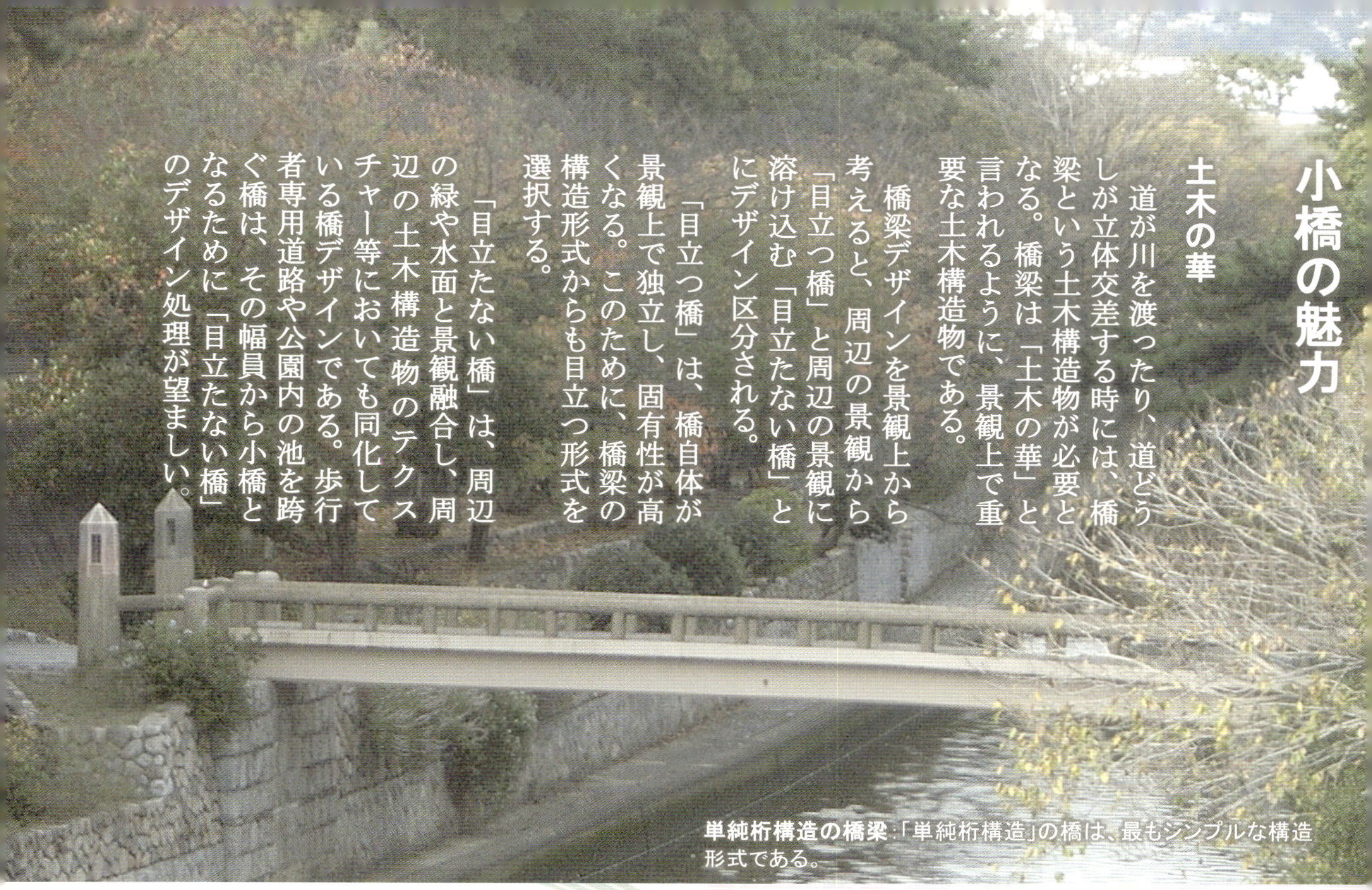

単純桁構造の橋梁:「単純桁構造」の橋は、最もシンプルな構造形式である。

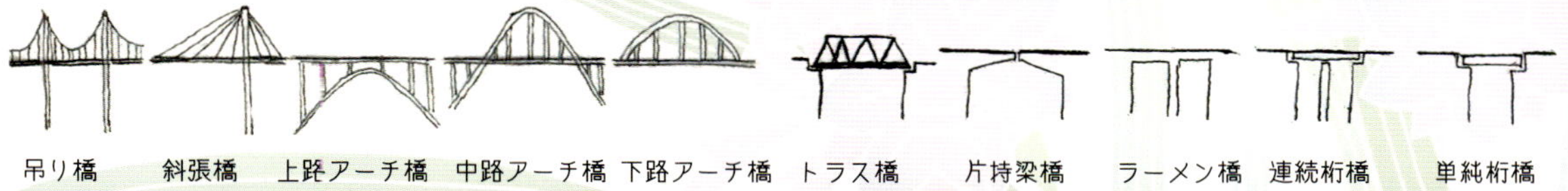

上路アーチ構造の橋梁:「上路アーチ構造」の橋は、下部が曲線構造なので自然の線形に馴染みやすい。

階段の美学

歩きやすい階段

歩行空間において、土地の高低差の処理に階段という装置が発生するが、階段は景観上の重要なポイントとなるために、そのデザインには十分に配慮する必要がある。

上は聖域、下は俗域との空間の区切り。

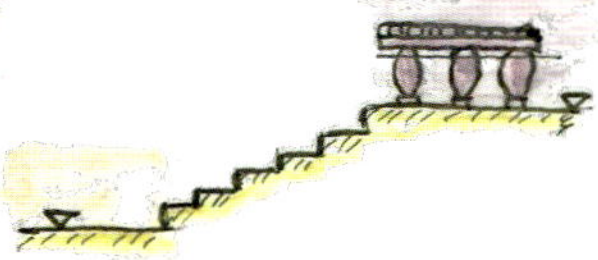

強調したい建物の前にあえて階段を設置する。

下の風景と上での風景とに、階段で明確な変化をつける。

階段の上から新しい風景を見せる。

階段による空間変化の演出

上段／景観のポイントとなる階段。

下段／寺社内の男坂（階段）と女坂（スロープ）。

階段は、高齢者や児童にとっては、歩行上の負担になるために、階段だけでは無く、スロープの併用が望ましい。また、階段の踏面と蹴上との寸法関係は、大人はゆっくりと歩け、高齢者や幼児にとっては２歩で歩けるという、ゆるやかな階段寸法の配慮も必要である。

上段／スロープに階段を併設した事例。

下段／踏面：40cmと蹴上：12cmのゆったりとした階段。

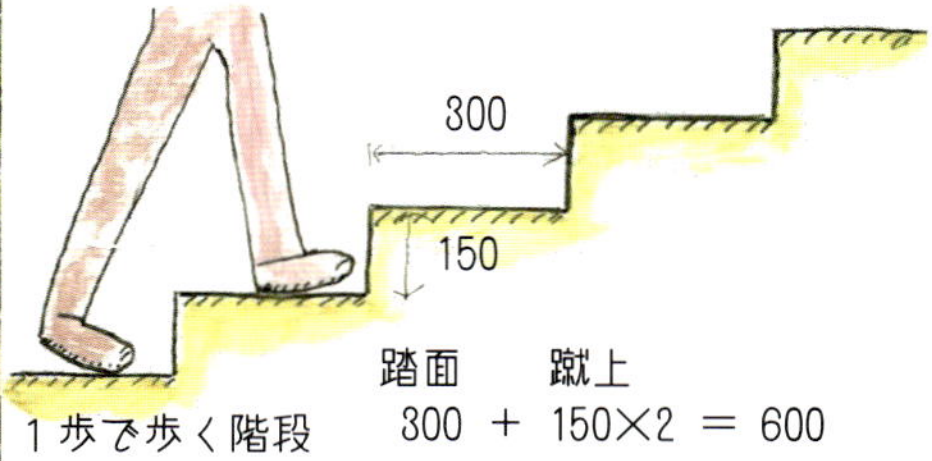

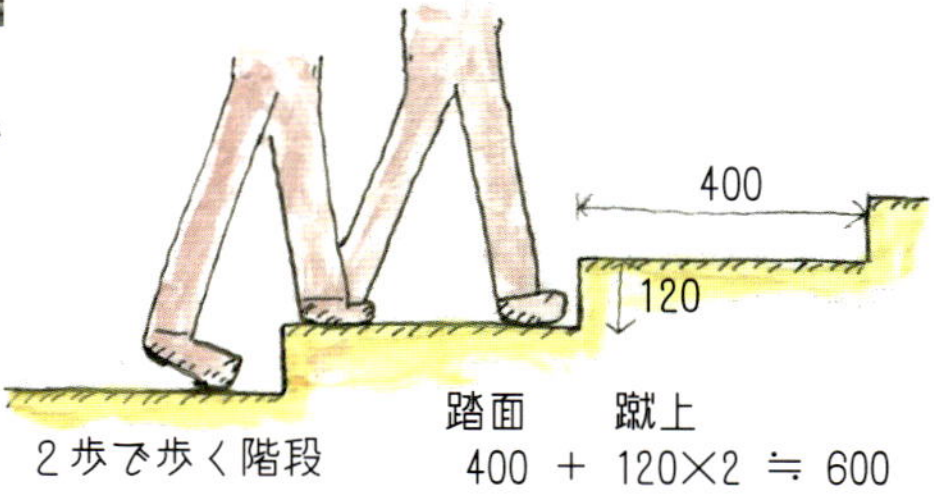

※大人の歩幅を=600と考えて、階段寸法を算出する。

階段の踏面と踏面との関係計算式（単位mm）

多雨国のベンチデザイン

ベンチの雨仕舞い

屋外の休養施設としてベンチは重要な屋外施設であるが、日本は多雨国であるために、木製のベンチは、木部が腐り、座板の表面にカビや苔が生えて朽ちている状況がよく見うけられる。特に森や林の中に設置されているベンチは、落ち葉が溜まりこうした状況が促進されている。

このためには、木製ベンチのデザインは、①表面に水が溜まらないように十分な水勾配を取る、②雨上がりにすぐに乾燥するように座板の間隔を取る、等の雨仕舞が必要である。

ベンチは木製にこだわらず、コンクリート、石材、金属材料でベンチをデザインすることも、多雨国での現実的な選択である。こうしたケースでも、座板の水勾配や、部材の間隔を十分に取る配慮が必要である。

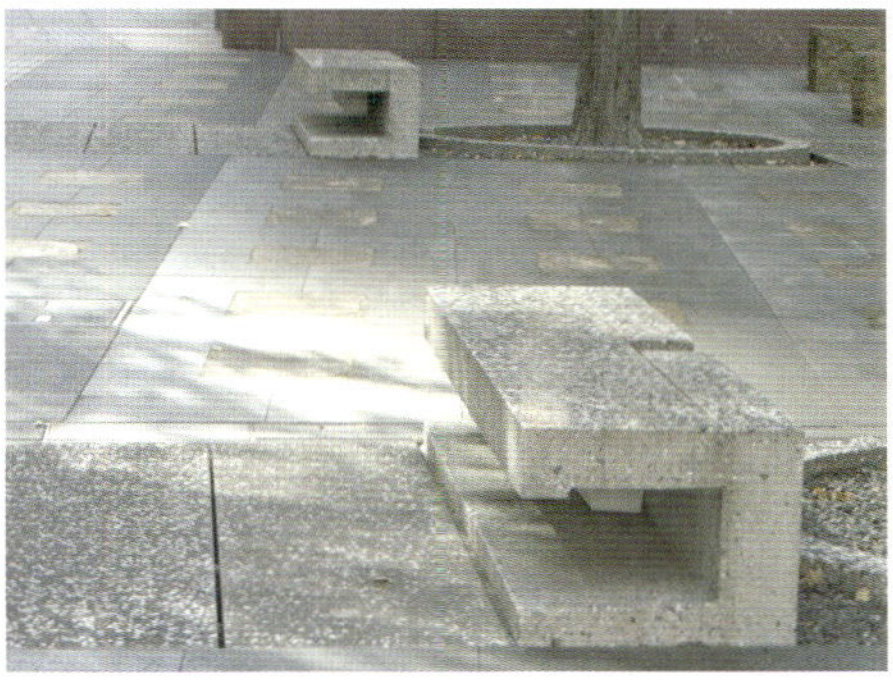

コンクリート製ベンチ：座るコンクリートの表面を研ぎ出して、表面に水が溜まらないように工夫されている。

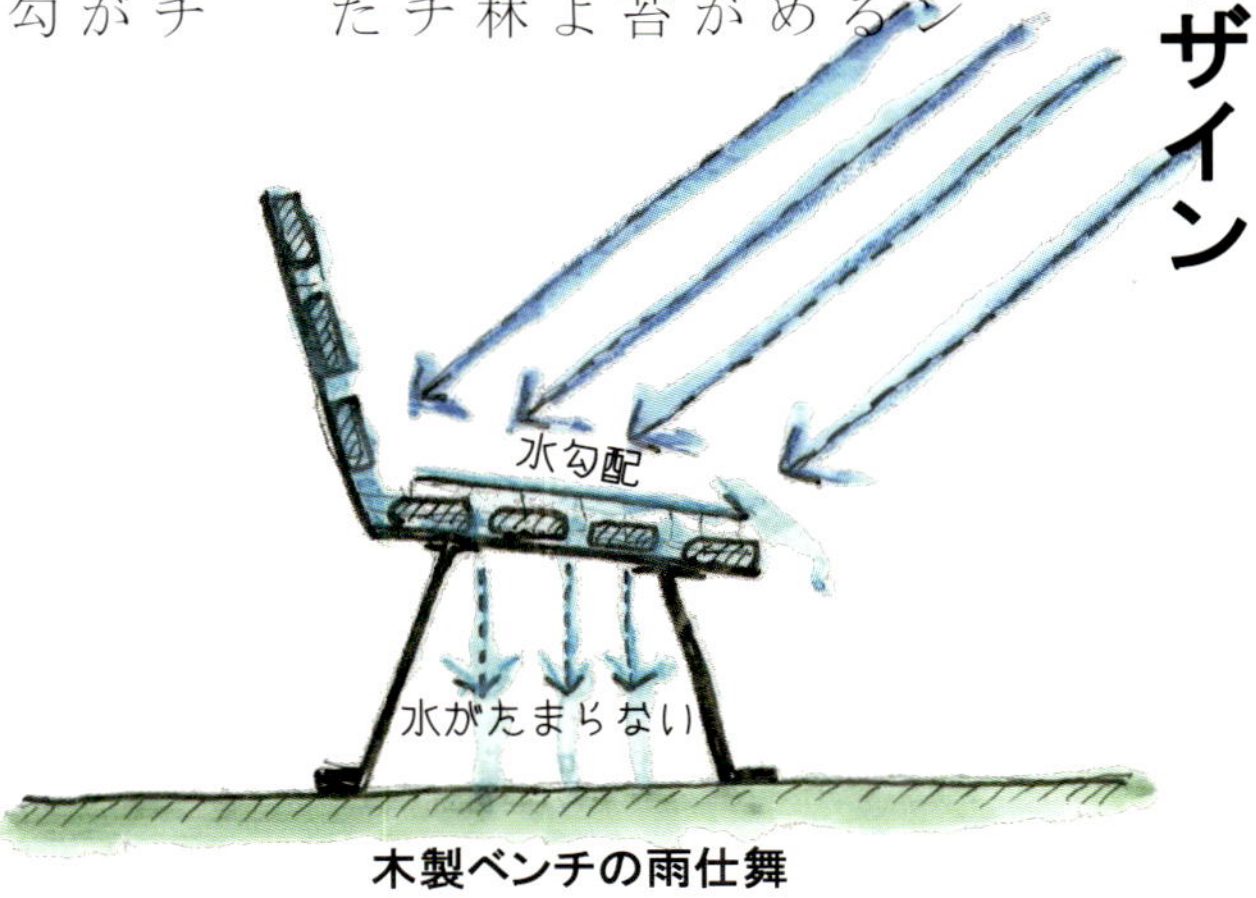

木製ベンチの雨仕舞

石材製ベンチ：座る部材に石材を使用し、表面の水勾配が配慮されている。植栽桝の縁石と一体となった、柔らかい曲線デザインとなっている。

金属製ベンチ：メンテナンスフリーを目的として、鋳鉄とステンレスメッシュの部材でデザインされたベンチ。UR施行の千葉ニュータウンで開発された。

好ましくない事例

使用されない木製ベンチ：木部の座板が腐り、木部表面には苔が生えてきた木製ベンチ。こうした状態になると、利用されることはなくなり、ますます腐食は進む。

道路付帯施設のデザイン

連続する小構造物

道路には、車止めや街路灯、さらにはベンチやモニュメント等の小構造物が設置される。こうした道路付帯施設の車止めや街路灯は、連続して設置されるということを考慮し、また、モニュメント等は歩行者のスケール感とを考慮してデザインする必要がある。

連続する小構造物

車止め

上／横浜港北ニュータウンにおいて、コミュニティ道路整備のために開発された車止め。夜間に車のヘッドランプに反射するように、頭部にキャッツアイが埋め込まれている。

下／車止めは連続して設置されるために、単体のデザインと同時に連続設置されても耐えられるデザインとする。

街路灯

上／街路灯は単体のデザインと同時に、連続設置しても耐えられるデザインに配慮する。照明灯という機能により、設置間距離は想定可能である。

下／歩行者専用道路の街路灯として、高さが低く抑えられ、なおかつ連続設置しても耐えられるシンプルなデザインとなっている。

モニュメント

ヒューマンスケールのモニュメント：歩道に設置される彫刻等のモニュメントは、人の視線より低い高さに抑えたほうが、落ち着いた雰囲気を演出できる。

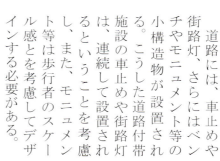

付録

八季の花

「八季の花」の編集について

一. 季節区分

日本の季節は、「春夏秋冬」の四季で大きく区分されるが、本書では日本の季節区分を四季よりも細かく「八季」に区分している。これは、植栽設計において、樹木の花の開花時期の変遷で、日本の季節変化を表現することが目的である。この目的のために、歳時記の二十四節気を根拠として、日本の四季を「八季」に区分している。

歳時記を眺めると、まだ寒いうちに立春があり、暑さの盛りに立秋があるなど、歳時記と実際の季節とではかけはなれた感がある。しかし、日本人は季節の移り変わりの微妙な変化を、繊細な感覚で歳時記を日常生活のなかにとり入れてきた。また、歳時記の季節区分は、温度ではなく、光による季節区分と考えられる。植物の開花リズムは、温度と同時に光に大きく影響を受けている。本書は、樹木の開花時期の区分を、この「歳時記の季節区分」を基礎として、「八季」に区分した上で編集されている。

二. 「八季」の季節区分による各樹木群

- 早春の花　桜が開花する前に開花する樹木群
- 春の花　桜の開花後に開花する樹木群
- 若夏の花　五月の新緑が出そろった頃に開花する樹木群
- 梅雨の花　梅雨どきに開花する樹木群
- 夏の花　梅雨明け後の夏に開花する樹木群
- 秋の花　秋に開花する樹木群
- 紅葉木　紅葉の美しい樹木群
- 冬の花　冬場に開花するか、冬に実の美しい樹木群

三. 樹木の高中木、低木の区分

本書では、大人の背丈以上の樹高となる樹木を「高中木」と定義し、大人の背丈以下の高さの樹木を「低木」として区分している。

四. 樹木の花の開花期

各ページには各樹木の開花時期を表示しているが、この時期は「関東地域での花の発見時期」を基準としている。月の「上」は各月の一日〜一〇日頃の開花時期を示し、月の「中」は各月の一〇日〜二〇日頃、月の「下」は各月の二〇日〜三〇日頃の開花時期を示している。よって、各樹木の開花の最盛期は、本書記載の時期よりややずれることとなる。

五. 樹木の果実

本書では、該当季節に果実が目立つ樹木も、各季節の観賞対象樹木として編集されている。

「八季の花」樹木カレンダー

八季区分	二十四節季	月	高中木	低木
早春の花	立春 雨水 啓蟄 春分	2月 3月	□ウメ　□ツバキ　□モモ(白) □ウメ(赤)　□オトメツバキ　□モモ(赤) □ウメ(白)　□フサアカシア　□ハクモクレン □サンシュユ　□ウグイスカグラ　□シモクレン □キブシ　□コブシ　□カンヒザクラ □ヤブツバキ　□シデコブシ　□ヒガンザクラ	□ロウバイ　□レンギョウ □ミツマタ　□アセビ □マンサク　□トサミズキ □ネコヤナギ　□ヒュウガミズキ □ボケ　□ユキヤナギ □ジンチョウゲ　□エゾムラサキツツジ
春の花	清明 穀雨	4月	□ソメイヨシノ　□ヤエザクラ □マメザクラ　□ライラック □エドヒガン　□ハナミズキ(赤) □フジザクラ　□ハナミズキ(白) □ヤマザクラ	□ハナカイドウ　□エニシダ □ヤマブキ　□ドウダンツツジ □シロヤマブキ　□ヒラドツツジ □ヤエヤマブキ　□オオムラサキ □ハナズオウ　□クルメツツジ
若夏の花	立夏 小満	5月	□ミズキ　□トチノキ　□ニセアカシア □テマリバナ　□ベニバナトチノキ　□ハコネウツギ □キリ　□タニウツギ　□ゲッケイジュ □シャクナゲ　□ホオノキ　□エゴノキ □カマツカ　□ハクウンボク	□コデマリ　□ノイバラ □カジイチゴ　□ピラカンサ □シャリンバイ　□ウツギ □サラサドウダン　□ベニウツギ □ハクチョウゲ　□サツキ
梅雨の花	芒種 夏至	6月	□イボタノキ　□ビワ(実) □タイサンボク　□ザクロ □クリ　□デイゴ □ネムノキ　□ヤマボウシ	□アジサイ　□ビヨウヤナギ □ガクアジサイ　□キンシバイ □シモツケ　□ホザキナナカマド □クチナシ　□アベリア
夏の花	小暑 大暑	7月 8月	□ナツツバキ　□リョウブ □キョウチクトウ　□サルスベリ □ムクゲ　□クサギ □エンジュ　□サンゴジュ(実)	
秋の花	立秋 処暑 白露 秋分 寒露 霜降	8月 9月 10月	□コバノガマズミ　□カキ(実) □キンモクセイ　□モチノキ(実) □ハリギリ　□ザクロ(実) □ツリバナ　□クロガネモチ(実) □ガマズミ　□マユミ(実)	□ハギ　□ムラサキシキブ □ハギ(白)　□ピラカンサ(実) □ウメモドキ(実)　□コトネアスター(実)
紅葉木	寒露 霜降 立冬	10月 11月	□ハナミズキ　□イチョウ □トウカエデ　□イロハモミジ □ナンキンハゼ　□ケヤキ □ハゼノキ　□ヤマウルシ □アメリカフウ　□サクラ	□ドウダンツツジ　□ニシキギ
冬の花	立冬 小雪 大雪 冬至 小寒 大寒	11月 12月 1月	□ナツミカン(実)　□スズカケノキ(実) □イイギリ(実)	□サザンカ　□シナヒイラギ(実) □ナンテン(実)　□ヤツデ □アオキ(実)　□ヒイラギ □マンリョウ(実)　□コトネアスター(実)

早春の花（高中木之一）

立春・雨水・啓蟄・春分

ウメ（梅）＊（＊は藤原宣夫撮影）
二月上旬

ウメ（紅梅）
二月上旬

ウメ（白梅）
二月上旬

サンシュユ（山茱萸）
三月上旬

キブシ（木伏）
三月上旬

ヤブツバキ（藪椿）＊
二月上旬

ツバキ（椿）
三月上旬

オトメツバキ（乙女椿）
三月上旬

フサアカシア（房あかしあ）
三月上旬

ウグイスカグラ（鶯神楽）＊
三月中旬

早春の花（高中木之二）

コブシ（辛夷）＊
三月下旬

シモクレン（紫木蓮）
三月下旬

シデコブシ（四手辛夷）＊
三月下旬

カンヒザクラ（寒緋桜）
三月初

モモ（桃・白）
三月中旬

ヒガンザクラ（彼岸桜）
三月初め

モモ（桃・赤）
三月下旬

ハクモクレン（白木蓮）
三月下旬

早春の花（低木之一）

立春・雨水・啓蟄・春分

ロウバイ（蠟梅）＊
二月

ミツマタ（三叉）
二月

マンサク（満作）＊
三月上旬

ネコヤナギ（猫柳）＊
三月上旬

ボケ（木瓜）
三月上旬

ジンチョウゲ（沈丁花）＊
三月中旬

レンギョウ（連翹）
三月中旬

アセビ（馬酔木）＊
三月下旬

トサミズキ（土佐水木）＊
三月下旬

ヒュウガミズキ（日向水木）
二月上旬

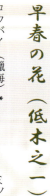

早春の花（低木之二）

ユキヤナギ（雪柳）
二月下旬

エゾムラサキツツジ（蝦夷紫躑躅）
二月上旬

春の花（高中木）

清明・穀雨

ソメイヨシノ（染井吉野）
四月上旬

マメザクラ（豆桜）
四月中旬

エドヒガン（江戸彼岸）
四月中旬

フジザクラ（富士桜）
四月中旬

ヤマザクラ（山桜）＊
四月中旬

ヤエザクラ（八重桜）
四月下旬

ライラック（紫丁香花）＊
四月中旬

ハナミズキ（花水木・赤）＊
四月下旬

ハナミズキ（花水木・白）＊
四月下旬

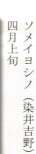

春の花（低木）

ハナカイドウ（花海棠）
四月上旬

エニシダ（金雀枝）
四月下旬

ヤマブキ（山吹）
四月上旬

ドウダンツツジ（灯台躑躅）＊
四月中旬

シロヤマブキ（白山吹）
四月上旬

ヒラドツツジ（平戸躑躅）
四月下旬

ヤエヤマブキ（八重山吹）
四月下旬

オオムラサキ（大紫）
四月下旬

ハナズオウ（花蘇芳）
四月下旬

クルメツツジ（久留米躑躅）
四月下旬

若夏の花（高中木之一）　立夏・小満

ミズキ（水木）＊
五月上旬

テマリバナ（手鞠花）
五月中旬

キリ（桐）＊
五月上旬

シャクナゲ（石楠花）
五月中旬

カマツカ（鎌束）
五月中旬

トチノキ（栃ノ木）＊
五月中旬

ベニバナトチノキ（紅花栃ノ木）
五月下旬

若夏の花（高中木之二）

タニウツギ（谷空木）＊
五月中旬

ハクウンボク（白雲木）
五月中旬

ホオノキ（朴ノ木）
五月中旬

ニセアカシア（針槐）
五月中旬

ハコネウツギ（箱根空木）
五月中旬

ゲッケイジュ（月桂樹）
五月下旬

エゴノキ（斉墩果）＊
五月下旬

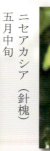

若夏の花（低木）

立夏・小満

コデマリ（小手鞠）
五月上旬

ノイバラ（野茨）＊
五月下旬

カジイチゴ（梶苺）
五月上旬

ピラカンサ（常盤山査子）
五月中旬

シャリンバイ（車輪梅）＊
五月上旬

ウツギ（空木）＊
五月下旬

サラサドウダン（更紗灯台）＊
五月中旬

ベニウツギ（紅空木）＊
五月下旬

ハクチョウゲ（白丁花）
五月下旬

サツキ（皐月）
五月下旬

梅雨の花（高中木）

芒種・夏至

イボタノキ（水蝋樹）＊
六月上旬

ビワ（枇杷・実）
六月中旬

タイサンボク（泰山木）
六月中旬

ザクロ（柘榴）＊
六月中旬

クリ（栗）＊
六月中旬

デイゴ（梯梧）
六月下旬

ネムノキ（合歓ノ木）＊
六月下旬

ヤマボウシ（山法師）＊
六月下旬

梅雨の花（低木）

芒種・夏至

アジサイ（紫陽花）＊
六月上旬

シモツケ（下野）
六月上旬

ガクアジサイ（額紫陽花）＊
六月上旬

クチナシ（梔子）
六月下旬

ビヨウヤナギ（美容柳）
六月中旬

キンシバイ（金糸梅）
六月下旬

ホザキナナカマド（穂咲七竈）
六月下旬

アベリア（花園衝羽根空木）
六月下旬

夏の花（高中木）

小暑・大暑

ナツツバキ（夏椿）
七月上旬

リョウブ（令法）
七月下旬

キョウチクトウ（夾竹桃）
七月上旬

サルスベリ（百日紅）*
七月下旬

ムクゲ（木槿）
七月中旬

クサギ（臭木）
八月中旬

エンジュ（槐）
七月中旬

サンゴジュ（珊瑚樹・実）
八月中旬

秋の花（高中木）

立秋・処暑・白露・秋分・寒露・霜降

コバノガマズミ（小葉莢蒾）
九月下旬

キンモクセイ（金木犀）＊
九月下旬

ハリギリ（針桐）
九月下旬

ツリバナ（吊花）
九月下旬

ガマズミ（莢蒾）
十月初

カキ（柿・実）
九月下旬

モチノキ（黐ノ木・実）
九月下旬

ザクロ（柘榴・実）
九月下旬

クロガネモチ（黒鉄黐・実）
十月下旬

マユミ（真弓・実）
十月下旬

秋の花（低木）

ハギ（萩）
八月中旬

ムラサキシキブ（紫式部）*
十月上旬

ハギ（萩・白）
八月中旬

ピラカンサ（常盤山査子・実）
十月中旬

ウメモドキ（梅擬・実）
九月下旬

コトネアスター（紅紫檀）
十月下旬

紅葉木（高中木）

寒露・霜降・立冬

ハナミズキ（花水木）
十月

イチョウ（銀杏）
十一月

トウカエデ（唐楓）
十月

イロハモミジ（いろは紅葉）
十一月

ナンキンハゼ（南京櫨）*
十月

ケヤキ（欅）
十一月

ハゼノキ（櫨ノ木）
十月

ヤマウルシ（山漆）
十一月

アメリカフウ（紅葉葉楓）
十月

サクラ（桜）
十一月

紅葉木（低木）

ドウダンツツジ（灯台躑躅）
十月

ニシキギ（錦木）
十一月

冬の花（高中木）

立冬・小雪・大雪・冬至・小寒・大寒

ナツミカン（夏蜜柑・実）
十一月中旬

イイギリ（飯桐・実）
十一月上旬

スズカケノキ（鈴懸ノ木・実）＊
十二月下旬

冬の花（低木）

サザンカ（山茶花）
十一月上旬

ナンテン（南天・実）
十一月中旬

アオキ（青木・実）
十二月

マンリョウ（万両・実）
十二月

シナヒイラギ（支那柊・実）
十一月中旬

ヤツデ（八手）*
十一月上旬

ヒイラギ（柊）
十一月下旬

コトネアスター（紅紫檀・実）
十二月

著者プロフィール

増田　元邦（ますだ　よしくに）

増田技術士事務所代表

1978年、大阪府立大学大学院修士課程修了（造園学）。1978年、竹中工務店入社、建築設計・施工に従事。1981年、愛知県稲沢市・荻須美術館設計コンペ１位入選（設計部共同作業）。1982年、住宅・都市整備公団（現UR）に入社。横浜港北ＮＴ、千葉ＮＴ、八王子ＮＴ、多摩ＮＴなど首都圏の大規模ニュータウン計画に従事し、港北、千葉、八王子では、初代造園係長を務めた。1995年、千葉県船橋市に出向し、再開発事業などを支援する。1998年、UR復帰後は、東京の土地有効利用事業（密集・敷地整序・防災公園等）に従事。2003年より、(財)日本緑化センター、(株)URリンケージに出向。2005年の復帰後、ＵＲ九州支社に勤務し、地方都市の中心市街地活性化業務に従事した。2011年、ＵＲを退職、2013年、増田技術士事務所を創設。

編者プロフィール

藤原　宣夫（ふじわら　のぶお）

大阪府立大学教授

1982年、千葉大学園芸学部環境緑地学科を卒業し、建設省（現国土交通省）に入省。2006年に退職するまでに、つくばの研究所や全国各地の国営公園事務所に勤務した。研究所では、都市公園や街路樹などの緑化関連技術のほか環境保全技術の開発に従事した。建設に係わった国営公園には、みちのく杜の湖畔公園、淀川河川公園、海の中道海浜公園、木曽三川公園がある。愛知県に建設部公園監として出向中に博士の学位を取得し教育界に転身。岐阜県立国際園芸アカデミーの環境コース教授（2006年）を経て、大阪府立大学教授に就任（2011年）、現在に至る。専門は造園学、研究テーマは、外来植物の駆除、在来植物保全による植生景観の再生、文化的景観の保全、緑化関係技術の開発（街路樹、斜面緑化、水辺緑化）など。

編集後記

若者の活字離れが話題とされて久しい。その若者が歳をとったというわけでもないが、中高年の活字離れも進行中のような気がしている。スマフォの画面は結構長く見ていられるのに活字ばかり並んだ本では、すぐに目が痛くなってしまう。読まなくて済むならばそうするところだが、仕事や勉強に係わる教科書となればそうもいかない。ならば読みやすい教科書を作ろう。文脈を追うのではなく、写真と絵を目で追いかけていく本を作ろうというのが、この読本である。内容は極めて真面目である。基本が抑えられ実践が語られている。編者の作業は、著者がきちんと並べた写真をできるだけ崩し、ツートンカラーの原稿を極彩色に色付けし、一見関係ありそうな無関係のイラストを忍ばせることであった。

本書には、背景や隙間、いたるところに、日本の模様を入れることを方針とした。使用した模様の多くは、「日本の伝統模様CD-ROM素材集、中村重樹（コブル・コラボレーション）、エムディエヌコーポレーション、2005」の素材を加工したものである。ここに記して感謝の意を表する。